三番瀬の生き物たち

三番瀬は、主に砂からなる干潟・浅瀬。たくさんの生物が集う場所です。

青潮
酸素が極端に少ない青潮が三番瀬を襲う。毎年繰り返される惨状だ。

直立護岸
なだらかな海辺がなくなり、生き物は減り、人々も海に近づけない。

「カキ礁」
悪化した干潟環境にカキが増殖。本来の干潟生物が生息できなくなる。

密漁
ルールなき海で密漁が横行。生態系だけでなく、漁業にも打撃を与える。

失われたヨシ原
周囲を埋立地に囲まれ、ヨシ原を喪失。生態系は貧弱なものへ。

失われたアマモ場
「生き物たちのゆりかご」のアマモ場もほとんどなくなる。

傷ついた海辺をどうするか

三番瀬の自然が抱える問題

2枚の未来予想図とともに

1990年、三番瀬の埋立計画が現実味を帯びていた頃、私たちは、埋立計画へのカウンタープランとしてこの2枚の未来予想図「2020年の三番瀬に贈る」を世に出した。悪化する三番瀬の現状をふまえて、干潟環境を整備し、ヨシ原やアマモ場を回復させるものだ。あれから18年。埋立計画はなくなったが、私たちは今もこの2枚の未来予想図とともに歩み続けている。

そして、アマモ場の再生へ

「三番瀬でアマモ場の再生はできない」。専門家のなかにはこんな発言をする人もいたが、私たちはこれまでの経験をふまえて、理解ある企業や行政の関係者などとともにアマモ場再生実験に踏みきった。その1年後、わずか50株のアマモを植えた場所が、1600株を超えるアマモ場となった（中央の写真）。

海辺再生

東京湾三番瀬

NPO法人 三番瀬環境市民センター [著]

築地書館

目次

第三章　アマモ場が再生した！

コラム

プロローグ　二枚の未来予想図とともに

一八年間、二枚の未来予想図とともに歩く

今から一八年前の一九九〇年。私たちＮＰＯ法人三番瀬《さんばんぜ》環境市民センターの前身となる団体「三番瀬研究会」は、東京湾のいちばん奥に残る最大の干潟・浅瀬である「三番瀬」について二枚の図をまとめました（口絵）。

当時は、バブル経済のただなかで、日本経済は右肩上がりの好景気が続いていました。それを背景に、三番瀬の埋立計画が復活し、まさに動き出そうとしていました。この二枚の図は、そうした埋立計画へのカウンタープランとして提示したものです。周囲を直立護岸で囲まれ、人が容易に近づけなくなってしまった三番瀬を、干潟の環境を回復し、ヨシ原やアマモ場を再生させ、人が歩けるようにして、人も鳥もたくさん集まってこられるようにしようというプランです。

実はこのプランをつくる前、私たちはまったく異なるウォーターフロントの利用図を内部で描

いていました。野外コンサートホールがあり、マリーナに泊まっている船からステージが見え、沿岸には高層ホテルがあるという、「海」という資源を活かす視点が入ったウォーターフロント開発の構想でした。もしきちんと提案をしていれば、ディベロッパーが乗ってきたことでしょう。横浜みなとみらい21やお台場のようになっていたかもしれません。

しかし、その方向でよいのだろうか。これが三番瀬の求めているものなのだろうかという迷いがどこかにありました。そして、めざすべきところをはっきりと認識するきっかけとなる出来事が起こります。

その頃はまだ、現在のように干潮時に三番瀬の干潟を歩くという活動をしていませんでした。船の航行に安全な潮の高いときに出港して三番瀬を見ていた程度でした。

その日は調査で海に出ていました。ところが予想以上に潮が引いて、なおかつ船長が近道をしようと浅いとわかっているところを通ってしまい、船が浅瀬に乗り上げて座礁してしまったのです。みんなで懸命に船を押し、なんとか脱出をしようと試みましたが、船は動かない。かなり高いところに乗り上げてしまったようです。いつしか、船を動かすことをあきらめ、誰からともなく干潟を歩きはじめていました。

おだやかな春の日。船のそばに大きなアメフラシがゴロンところがっていて、ゴカイの穴やカニもいました。ハゼの稚魚もたくさんいます。浅瀬ではギンポが産卵を終えて、今まさにその一生を終えようとしていました。

「視点が違っていたね。ここを歩かなきゃダメだよな」

内部で検討していたウォーターフロント構想は机上での議論を船上に移しただけ。陸上の発想から抜け出せていなかったことに気づかされた瞬間でした。

それからは、船長にいやがられようとも、潮が引くときに船を出し、三番瀬に上がり、干潟を歩きまわって三番瀬の姿を把握すること、データを取ることに努めました。「三番瀬には何があって、何がなくなったのか」を把握したかったのです。

すでに三番瀬周辺の埋め立ては行なわれており、三番瀬は直立護岸に囲まれていました。ヨシ原などの後背湿地も消えていました。干潟の面積、海の面積も減っています。自然再生の原点となるかつての風景をどう取り戻すのか、失われた機能をどう取り戻すのかという議論に移っていきました。

海岸線から海へ入っていけるアプローチを確保するとともに、失われたヨシ原などの湿地や干潟を再生するために、護岸と瀬の高さがきわめて不自然な形状となってしまった海域ではある程度砂を補給し、海と陸が出合う場（潮間帯上部や潮上帯）を再生させることが必要だろう。埋まる部分もあるけれども、それによってできる干潟・湿地や、ヨシ原やアマモ場を再生することで、海の機能が回復され、環境がよくなり生物が増えれば、そのほうがよいのではないか……。

メンバーそれぞれがもつ干潟・浅瀬の原体験をベースに、技術的な視点も組み込みながら、議論を続けました。

こうして一九九〇年、三番瀬の未来予想図「２０２０年の三番瀬に贈る」は完成しました。三番瀬を再生したいというみんなの熱い思いと、最新の技術と、したたかな戦略を含んで。自分たちの目標、理想とするために描いたものです。一方、その過程で、「こうなるといいね」が「そうならなければ通用しないよね」と気持ちが変化していきました。活動をスタートした初期の段階で、目標を定められたこと、そしてそれが先見性のあるものだったことは、その後の活動において大きな意味をもつようになりました。

私たちはこの二枚の未来予想図をいろいろなところに持っていき、たくさんの人に説明し見ていただきました。しかし、当時は埋立計画が検討されていた時代です。埋め立てによる土地造成ではなく、それまでの開発によって失った海を取り戻すという私たちの提案が、社会に簡単に受け入れられるはずもありません。

「自然再生なんて技術的に無理」と真っ向から反対する人もいました。「そうなればいいと思うけれど、こんなものに誰が金を出すんだよ」と言われたこともありました。

しかし、私たちは、いつか必ず不動産神話が崩れ、基幹産業も重厚長大な生産ラインも、国民のライフスタイルもすべてが方向転換を図る日がくると感じていました。そのうち自然環境破壊型の公共工事はなりをひそめ、自然環境との共生、さらに自然再生が公共事業になっていくと考えていたのです。また、当時は「保護」一辺倒だった市民運動に対し、人が手を入れて自然を守っていく「保全」という考え方もあると、粘り強く訴えてきました。今に「自然再生」に予算がつく時代がくると、さまざまな場面で土壌づくりをしてきました。

最初はとっぴに見られた未来図ですが、一〇年あまりの時を経ると、かなり現実味を帯びてきました。すでに国は自然環境再生を公共事業の柱のひとつに据えるようになっていました。

二〇〇一年、三番瀬の埋立計画は消滅し、いよいよ自然再生の段階がやってきました。

そして、二〇〇三年、この未来予想図に描かれたアマモ場の再生のために、私たちは三番瀬の海中にアマモを植えるに至りました。

自然再生のおもしろさと危うさ

本書は、三番瀬の自然再生に取り組んでいる私たちの活動をまとめたものです。

そのなかでも、とくに詳しく紹介しているのは、アマモ場の再生活動です。口絵でもふれたように、わずか五〇株のアマモを植えた場所が、一年後には実に一六〇〇株を超えるアマモ場となりました。

三番瀬を誰よりも好きだと自認する人間たちが集まり、一〇年以上にわたって検討し、関係者の方々の協力を得ながら、このプロジェクトは進められました。時には、真冬の深夜に海に飛び込んでアマモを植えることもありました。変わり者だと笑う人もいるかもしれませんが、私たちからすれば、楽しくて仕方のない活動でした。自分たちの大好きな海が、自分たちの活動によって再生されていく姿を眼前に見ることができるのですから、こんなに愉快なことはありません。

本書を通じて、三番瀬の自然のおもしろさはもちろん、自然再生のおもしろさも、ぜひ知っていただきたいと思います。

一方、本書では、自然再生の危うさにもふれました。

三番瀬は、過去四〇年以上にもわたって千葉県の埋立計画に翻弄され、現在は、同じ県による再生計画に翻弄されています。

埋立計画だけではなく、再生計画にも「翻弄」されているということに、違和感を感じる方がいるかもしれません。しかし、残念ながらこれは事実です。二〇〇一年に堂本暁子知事によって埋立計画が「白紙撤回」されてから、明確なビジョンもないままに、延々と「再生」の議論だけが続けられ、すでに傷ついている三番瀬の自然は放置されたままなのですから。

本書では、こうした経緯も追いながら、私たちが、地元の漁師や行政、企業と連携しながらどのように三番瀬の再生に取り組み、どのような成果が出ているのかを書いてみました。

眼前の海辺の自然に謙虚に耳を傾け、日進月歩の技術の発展をうまく吸収していけば、その海辺の自然は再生できることを知ってほしい。日本の海辺の環境が悪化の一途をたどっているなかで、このことに気づいていただきたいと願っています。

二一世紀に入ってから、全国のさまざまな場所で自然再生の事業が行なわれるようになってきました。一時は大きな注目を浴びていましたが、現在では、それも曲がり角にきているように思います。

自然再生の目的や手法で意見がまとまらずに、事業が頓挫する例も出てきました。物言わぬ自然に対して、都合のいい解釈をふりかざし、「再生事業は不要」とする意見も出て、それへの対応ができない例も見受けられます。千葉県が進める三番瀬再生会議をめぐる状況がその典型例といっていいでしょう。

本書で紹介する三番瀬の実情を通して、現在の自然再生の動きの何が問題であるのか、何が欠けているのか、そして何が必要なのかを知っていただきたいと思います。

それは、日本の海辺は自然再生が最も求められている環境だからにほかなりません。本書で詳しく述べるように、日本の海辺は緊急に自然再生が行なわれなければならないほどに深く傷ついています。

本書の構成

本書は、全五章の構成です。

第一章では、三番瀬の自然と私たちの活動の概要を紹介しながら、三番瀬の自然再生に向けた取り組みが、すでに構想段階を終えて、具体的な活動の段階にきていることを示しています。また、三番瀬の自然と、それを取りまく社会状況についても解説しています。

第二章と第三章では、私たちの活動のなかでもとくに注目されているアマモ場再生活動をお伝えします。「三番瀬でアマモの再生はできない」という声もあるなかで、再生実験を成功させた経緯を書いています。自然再生に取り組むなかで、どのようなことを私たちが考えて行動したのか、活動の醍醐味は何であったのか、あるいは、悩みは何であったのかなどを率直に書いていますので、この二つの章を通して、海辺の自然再生に取り組むにあたって、どのような点がポイントで、またそれがどれほどおもしろいものなのかを知っていただきたいと思います。

第四章では、視野を広げて、「日本の海辺再生」についての歴史を追いました。自然再生事業全体についても言えることですが、とくに海辺の自然再生事業については、いまだに「形を変えた環境破壊だ」という意見が一部にあります。しかしながら、日本の海辺はすでに危機的な状況となっており、人為的に改変されてしまった海辺の自然を保全するためには自然再生事業が不可欠であることを、歴史を追いながら示したいと思います。

最終章の第五章では、前章までの内容をふまえて、海辺の自然再生に向けて、どのような点が大切であるのかについてまとめてみました。

本書は、東京湾の奥にポツンと位置する三番瀬という自然を舞台にした取り組みを紹介しています。しかし、本書のなかでも指摘しているように、三番瀬は、日本の海辺の典型的な姿でもあります。多くの日本の干潟は、過去に埋立計画の渦中に巻き込まれ、その後は無責任な政治・行政のもとで「形だけの自然再生」が議論されています。周囲の開発も極限まで進められ、もはや過去の干潟・浅瀬を彷彿させるものは限られたものになっています。

こうした日本の海辺の「惨状」の典型例と言える三番瀬で、市民がどのように立ち上がって、漁師や行政、企業など関係者を巻き込みながら自然再生を進めているのかを記したのが本書です。全国各地の海辺の自然再生が本当の意味で実現されることを願うすべての方に、本書を贈ります。

第一章　再生は夢ではない〜三番瀬の自然とＮＰＯの軌跡

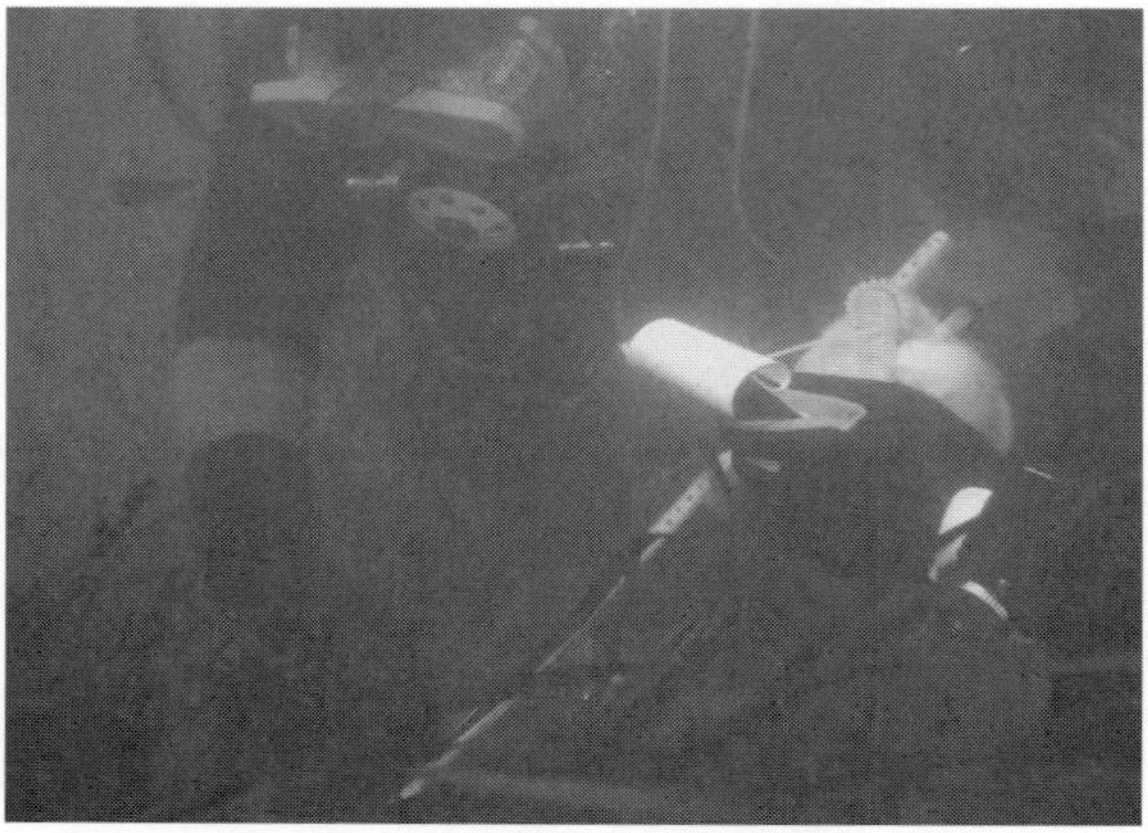

三番瀬で動く自然再生の取り組み

東京湾の最も奥に広がる干潟・浅瀬である三番瀬。干潟の90%以上が埋め立てられてしまった東京湾において三番瀬はとても貴重な存在だ。しかし、生物を死滅させる青潮や過去に行なわれた開発の影響などにより三番瀬の自然はとても傷ついており、自然再生が求められる海でもある。私たちは、この三番瀬をフィールドに自然再生に取り組み、すでに大きな成果が出はじめている。再生はもはや夢ではない！

東京湾三番瀬〜再生が望まれる海

三番瀬とは？

東京湾のいちばん奥、市川市と船橋市沖に広がる干潟・浅瀬を、私たちは「三番瀬《さんばんぜ》」と呼んでいます。

ここには、水深五メートルより浅い海底が東西約四キロ、沖合約四キロまで広がり、広さは約一六〇〇ヘクタール。水深一メートルより浅い海域面積は、約一二〇〇ヘクタールです。その一部は干潮時に干出《かんしゅつ》して、干潟になります。

数十年前に干潟や浅瀬で遊んだことのある方が干潟・浅瀬の海を想うとき、どのような光景が目に浮かぶのでしょうか。潮が引いて延々と広がる干潟の光景でしょうか。あるいは、風にゆられてカサカサとさざめくヨシ原の光景でしょうか。漁業をしていた方であれば、船から浅瀬をのぞくと見えた広大なアマモ場の光景かもしれません。いずれにしても、広々とした空間が目に浮かぶことでしょう。

しかし、もしそのような記憶をおもちの方が三番瀬を訪れたら、ちょっとびっくりするかもしれません。

残念ながら、現在の三番瀬では周囲が埋め立てられてしまい、干潟面積はそれほど大きくはありません。干潟そのものの地盤沈下や澪ができたことによって、その干潟には徒歩で行くこともなかなかできず、港から船で行かなければなりません。しかも、干潟に立てば、周囲に見えるのは工場地帯やマンション群です。三番瀬は、すでに過去の埋め立てによって、もとの広さの三分の一となってしまっています。市川市側の海岸線は直線的なコンクリートの護岸で囲まれ、波が打ち寄せる浜も、人がふれられる干潟も、ヨシ原もありません。これが三番瀬の現実です。

それでも、東京湾のほかの沿岸に比べれば、三番瀬は幸運なのかもしれません。かつてはぐるっと干潟が続いていた東京湾。その沿岸は明治の頃から埋め立てが始まり、今では海岸線の九割以上が埋め立てられ人工的な構造となっています。そして、千葉県側で自然の干潟が残っているのは三番瀬と盤洲《ばんず》、富津《ふっつ》とごくわずかになってしまいました。

全国の海辺の状況を考えてみると、三番瀬は典型的な海辺とも言えます。第四章で詳しく紹介するように、すでに本土の海岸線の半分以上は自然の海岸線ではありません。誰もが気軽に遊びに行けた海辺は、現在ではどこにでもあるというわけではないのです。

この、かろうじて残った干潟・浅瀬「三番瀬」をフィールドに、私たちＮＰＯ法人三番瀬環境

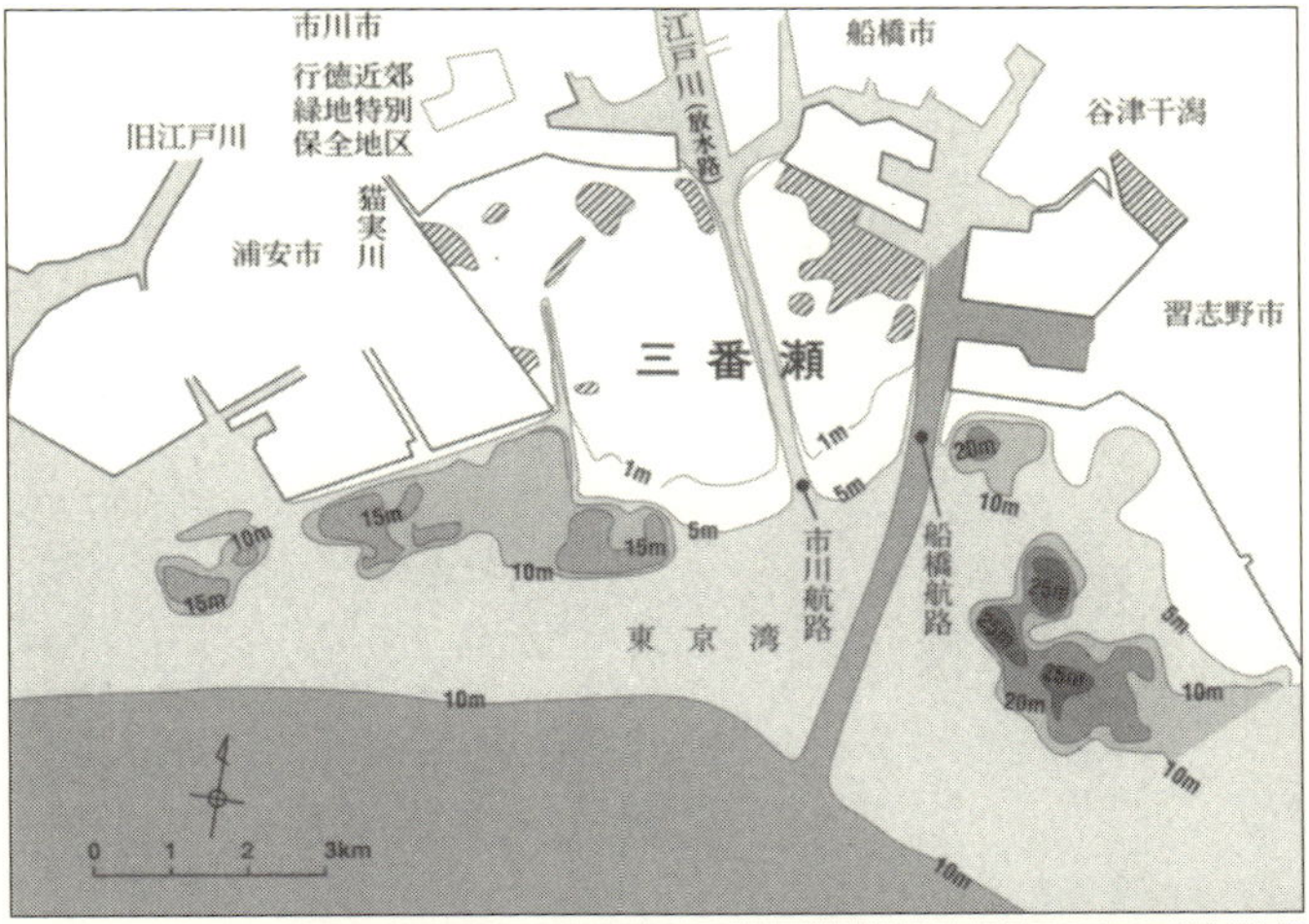

私たちのフィールド「三番瀬」

三番瀬は、千葉県市川市と船橋市の沖合に広がる干潟・浅瀬だ。現在でも一部には下の写真のとおり広大な砂干潟が広がる。ただし、こうした干潟はごく一部で、その多くは潮が引いても干出しない浅瀬だ。あまり干出しない海域の一部で、カキが蔓延して底質が泥状になっている場所もある。また、上の図のとおり、三番瀬を取りまく海岸線は人工的な直線となり、直立護岸も多く、人が容易に近づけない海でもあり、本来の海辺とは状況が大きく異なっている。

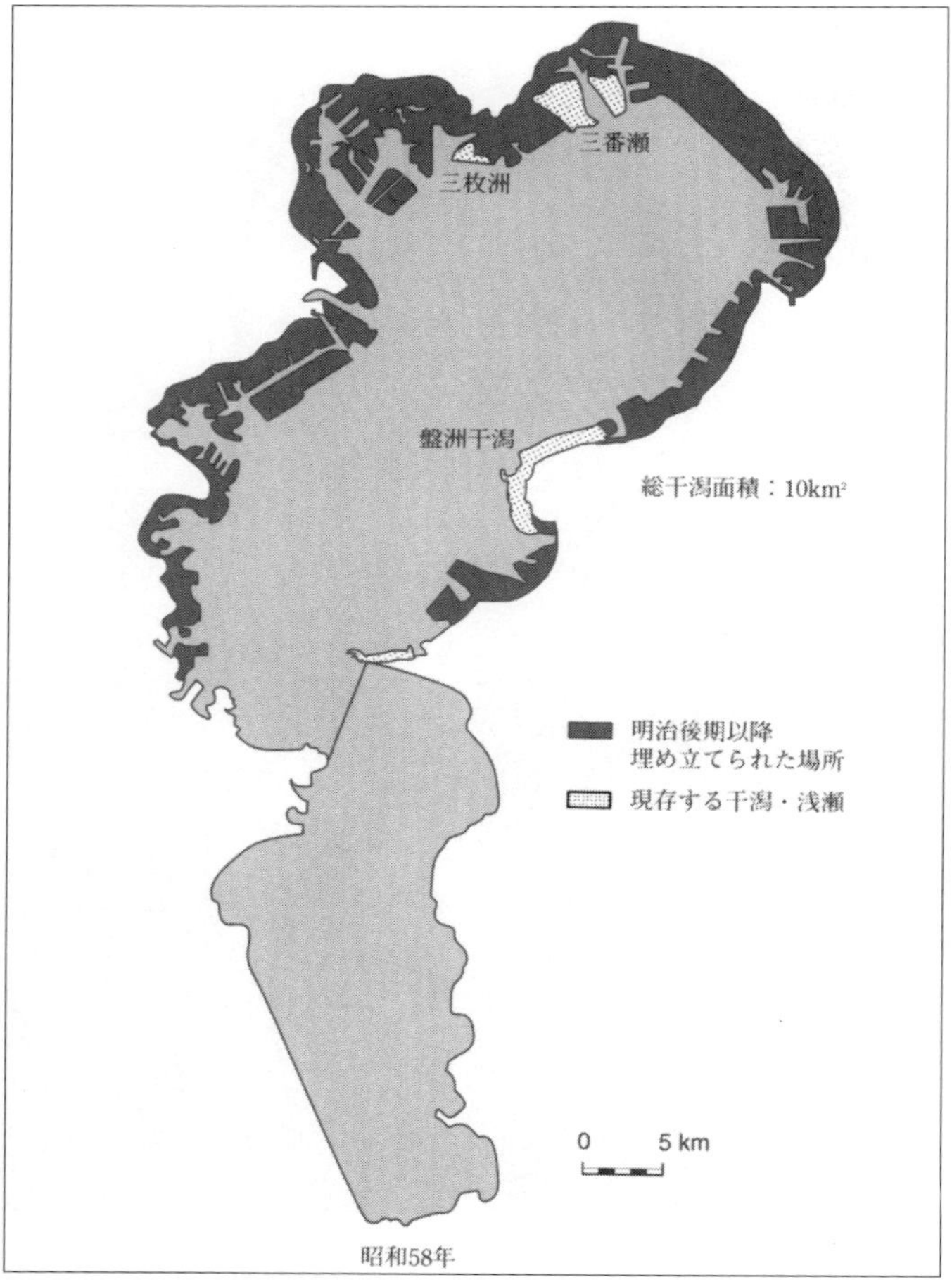

（出典：環境省資料）

東京湾に残る干潟

東京湾の干潟は、主に高度経済成長期の大規模埋立開発によって、その9割以上が消失した。現在では、三番瀬とともに、千葉県の木更津市にある小櫃川河口・盤洲干潟、富津市にある富津干潟、東京都の江戸川区にある三枚洲など、限られた場所にしかない。

市民センター（ＮＰＯ三番瀬）は活動をしています。

三番瀬の生き物たち

かつてと比べれば、人工的となってしまった三番瀬。かつての海を知っている方からは、「もう、あそこに、あんまり生き物はいないよ」と言われています。たしかに、ハマグリがとれ、魚が湧くようにとれた海を、残念ながら現在見ることはできません。

それでも、三番瀬の干潟を歩けば、あるいは浅瀬に潜れば、今でもさまざまな種類と数の生物を見ることができます。

一〇年以上も前の段階で、私たちが目視で確認した生物の数は三四〇種以上。その後、潜水による調査や、砂を掘ってピンセットでゴカイなどを探すベントス調査を継続的に実施していますが、毎回のように新しい生物が出てくるので、総数はこれをはるかに上回るでしょう。実際に、埋立計画のために千葉県が実施した環境調査では、（プランクトンなどを含めて）八〇〇種以上の生物種がリストアップされています。

初夏、大潮で広がる干潟を歩くと、さまざまな生き物に出会えます。

大小無数の潮だまりには、イソガニやユビナガホンヤドカリなどがたくさん。数センチのボラ

◉コラム

めざせ　三番瀬の自然再生！（その1）

1月×日　すべては三番瀬が決める私たちのスケジュール

東京湾の湾奥に広がる最大の干潟・浅瀬である「三番瀬」にも、新しい1年がやってきました。

私たちNPO法人三番瀬環境市民センター（NPO三番瀬）では、新年最初の運営会議でその年1年のスケジュールの骨格が固まります。海辺の自然再生の活動は、すべてはその海の状況しだい。1年間のその海の潮見表を見てスケジュールを決めるのです。

潮見表を見れば、何日が大潮で何時が最干潮となるのかわかります。その日の前後の週末に干潟散策会や見学会など、一般の方を対象としたイベントを組みます。あるいは、何日が中潮・小潮で何時が満潮となるのかもわかります。その日には、船を三番瀬に出して行なう調査・実験日を設定します。

こんな感じで、私たちの活動の中心となる日はその年の三番瀬の潮の干満で決まるのです。たとえば、里山で行なわれている自然再生活動であれば、もう少し人間の都合に合わせた弾力的なスケジュールを組むことができるかもしれません。けれども、海を対象としている自然再生活動では、潮の干満がスケジュールに決定的な影響を及ぼします。とくに三番瀬で行なう干潟散策会は、大潮の日で、かつ最干潮の時間帯でなければ実施できません。これから本書で詳しく述べるように、三番瀬は最も浅い場所が埋め立てられたり地盤沈下で深くなってしまっているので、日時まできちんと決めないと安全でおもしろい干潟見学ができないからです。

もちろん、天候に左右されるのは里山も海辺も同じでしょう。ただし、海辺の場合は、晴れた日であっても風や波が強ければ船は出せませんし、雷の危険があれば隠れる場所がありませんから、イベントを中止しなければなりません。

このように、海辺の自然再生の活動は、たぶんほかの自然を対象とする活動以上に自然に深く依存しているのです。その分、さまざまなイベントやプロジェクトを進めるスタッフの負担は大きくなるわけですが、一方でそのフィールドとなる自然とともに活動しているという実感も強いはず！海の活動のおもしろさはこんなところにもあると思っています。

の稚魚が群れをなして泳いでいます。水の底には、マハゼやイシガレイの稚魚もたくさんいます。

砂地の干潟には、不思議な光景も見られます。数えきれないほどのモンブランのような砂山とゼリー状の物体……。どちらも砂のなかにいるタマシキゴカイがつくったもの。ゼリー状の物体は、彼らの卵（卵塊）で、砂山はウンチです。「ウンチ」と言っても、汚いものではなく、砂のなかの汚れ（有機物）を食べた残りカスなので、干潟のなかでいちばんきれいな砂と言えるでしょう。

砂を掘ると、アサリやシオフキガイ、バ

小さな生き物たちの楽園・三番瀬

初夏の三番瀬の干潟では、さまざまな生物を観察できる。潮だまりや杭のまわり、砂のなかなどを探してみよう。大きな生物が入れない浅い海は、小さな生物がたくさんいる。

カガイ、マテガイなどの二枚貝がたくさん出てきます。後述のとおり、青潮などの影響によりそれらの貝がほとんど見られないときもありますが、多い年では、軽く掘っただけで両手にのらないほどの量がとれます。こうした二枚貝を中心に、一平方メートルあたりで平均一キロ、多いときは平均一〇キロの生物がいたという調査結果もあるほどです（湿重量）。

杭のまわりでは、ユビナガスジエビなどの小さな甲殻類のほかに、大きなカニを見られることも。イシガニです。たぶん三番瀬でいちばん凶暴（？）なカニ。食べると美味なのですが、ハサミに挟まれると出血するほどです。手を挟まれて、離そうとして手を振ると、さらにハサミに力をこめてきますので要注意。外来種のチ

初夏の干潟には、いたるところにタマシキゴカイのウンチと卵（卵塊）がある。

チュウカイミドリガニをイシガニと勘違いする人が結構いますが、こちらはイシガニほどの凶暴さはありません。

三番瀬の干潟のすぐ脇にある船橋航路のほうを見ると、なにやらさかんに貝を掘っている人たちを見かけます。彼らの目当ては、ホンビノスガイ。東京湾は、世界有数の商業港。タンカーなど内外からさまざまな船舶が往来し、そこから排水されるバラスト水などによって外来種の生物が増えているのですが、ホンビノスガイは最近ではいちばんの注目株の外来種です。

ホンビノスガイは、数年前から三番瀬の周囲にある航路脇などの泥上の浅瀬で大発生しています。この貝は、北米産と言われ、クラムチャ

威嚇するイシガニ

食べると美味だが、凶暴なので要注意。

ウダーの具材として利用されているそうで、実際食べてみると、ハマグリのような味がして美味しいと言う人もいます。最近では、船橋漁協でも卸すようになり、千葉県の外洋に面する九十九里など、蛤料理が有名な地域で「船橋産・白ハマグリ」などと銘打って売られていることもあります。

視線を空に転じれば、「キリッ、キリッ」という声とともに、コアジサシが浅瀬の小魚をねらって優雅に飛んでいる姿を見ることができます。人がいない遠くの浅瀬では、ダイサギやアオサギなどの姿も見られます。干潟は、小さな生物が集い、それを求める生物がさらに集ってくる場所でもあります。

ホンビノスガイ

航路脇の浅瀬などで大量発生している外来種だ。「白ハマグリ」などの名で売られることも。

干潟・浅瀬の役割

なぜ三番瀬には、さまざまな生物がいるのでしょうか。

三番瀬のような干潟・浅瀬には、太陽の光が降り注ぎ、酸素も豊富にあります。潮で打ち上げられたプランクトンなどが栄養分として蓄積され、それを食べる二枚貝やゴカイ類など干潟の生物がたくさん生息しています。さらにその生物を餌とする魚類や鳥類なども集まります。また、浅い海は比較的安全なため、産卵の場や稚魚たちが育つ揺籃《ようらん》の場ともなり、熱帯雨林やサンゴ礁などと同様に、生物相がたいへん豊かなのです。

東京湾の場合、河川を通じて大量の有機物やチッ素・リンなどが流れ込んできます。この「汚れ」が多すぎて、しかもそれを吸収する生物が生息する干潟や浅瀬が極端に減少しているために、後述する赤潮や青潮《あおしお》の問題が生じています。したがって、こうした「汚れ」を減らしていく努力は必要なのですが、一方でこの「汚れ」は生物にとっては欠かせない餌でもあるのです。三番瀬のアサリなどは身がとても厚くて味も濃厚。これは栄養豊富な海で育っているからこそです。

また、干潟や浅瀬の役割で大切なもののひとつは、水質を浄化する力があること。これは、生物がたくさんいることと大きく関係しています。二枚貝などがさかんに水の「汚れ」を餌として食べることで、透明度が高まるのです。プランクトンが大量発生したために、三番瀬の周辺にある航路の水がコーラのように赤褐色になる初夏などの時期、すぐ隣にある三番瀬の干潟を歩き、潮だまりの水を見ると、驚くほどに透明です。干潟・浅瀬が水質を浄化していることが実感できるでしょう。

三番瀬の漁業

三番瀬では、今でも漁業が営まれています。

干潟付近ではアサリやバカガイをとる貝捲き漁、ノリ養殖をするノリ漁、浅瀬に網を張って魚をとる刺し網漁が行なわれています。周辺では底曳き漁や巻き網漁もさかん。三番瀬は東京湾最奥の好漁場なのです。船橋側に船橋漁協、市川（行徳）側に行徳漁協と南行徳漁協があり、それぞれの漁業権が設定されています。

貝捲き漁では、未明の闇を突いて、二トンに満たない漁船が三番瀬をめざします。港から漁場まではたったの一五分で、首都の海・三番瀬へ。ここはアサリとバカガイの好漁場。船尾に錨を入れ、六〇メートルのロープを伸ばして前進し、船首から七〇センチ角の籠に鋼鉄の櫛歯のついた桁籠を投じ、海底を鋤きながら後進して貝をとります。

また、浅瀬の養殖漁業として知られるノリ漁もさかん。日本一高価なノリを生産しています。

◉コラム

めざせ　三番瀬の自然再生！（その2）

1月×日　深夜の三番瀬でアマモをモニタリング

私たちは三番瀬でアマモ場の再生実験をしています（詳しくは第2章、第3章参照)。昨年末には、アマモの種を三番瀬にまきました。今日はその種がその後どんなふうに育っているのかモニタリング（経過調査）する日。モニタリングは、播種後、2週間に1回程度行なっています。

冬の海は、春や夏の海と違って、昼間に潮が引きません。干潮となるのは大潮の深夜です。ダイビング機材を持ち込んで行なう潜水調査でなければ、アマモ場での調査は最干潮をねらって行なうしかないので、1月は深夜、潮が引いた浅瀬で調査することになります。

1月の深夜の東京湾の水温は、5度を切ることもめずらしくありません。参加するスタッフは全員ドライスーツ。しかし、少し海水に頭をつけているだけで、あまりの水の冷たさに頭がガンガンしてきます。手もかじかんできます。それでも、播種した場所からアマモの葉っぱが1本、2本と出てきているところを見ると寒さが吹き飛びます（写真は、2004年1月29日のモニタリングの様子)。

三番瀬の貝捲き漁

船橋の漁師による大捲き漁（上）と行徳・南行徳の漁師による小捲き漁（下）がある。どちらも漁を一人で行ない、アサリやバカガイなどをとる。

三番瀬の晩秋から冬、そして春は一面にノリ養殖の竹ヒビが並び、スズガモの群れを避けながらノリ船が漁に通います。厳しい漁ですが、江戸前の文化でもあります。一度、三番瀬のノリを食べると本物の味に驚きますよ。

巻き網漁は、浅い三番瀬のなかで直接操業するわけではありませんが、三番瀬とは切っても切れない仲。三番瀬から泳ぎ出た稚魚は東京湾で育ち、江戸前の成魚となり漁の対象となるからです。

船橋漁港を基地に三組の巻き網船団が漁をしています。最も勇壮で絵になる漁かもしれません。二隻の網船が六〇〇メートルの網を展開し、二〇〇メートルの円を描いて結び、スズキなどを囲いとります（コラム三六ページ参照）。

三番瀬のノリ漁

日本一の高値をつけることもあるうまいノリが自慢だ。

◉コラム

めざせ　三番瀬の自然再生！（その3）
3月×日　青潮対策の実験で勇壮なる巻き網漁に同行

三番瀬にとって現在最も脅威の存在は青潮です。青潮は、酸素がほとんどない状態の海水が浅い三番瀬などに押し寄せて、多くの生物を死滅させるものです。青潮対策としては、河川から流入するリンやチッ素を減らし、激減した干潟環境を復元させるなどの根本的な対策が必要ですが、眼前の惨事を最小化するための緊急対策も同時に考えなくてはなりません（42ページ参照）。

今日は、その青潮対策に役立つであろうナノバブルの実験（コラム56ページ参照）のために、大傳丸の巻き網漁に同行しました。これまで出漁するところや、海上での漁の様子を船から見る機会は何度もあったものの、考えてみれば乗船するのははじめてのこと。スタッフ2名を同行させていただきました。

ちなみに、大傳丸には毎年、三番瀬まつりにたくさんの鮮魚をご提供いただいています。リーダーの「沖合」（漁労長）の大野和彦さんは私たちグループにとって、とても大切な海の理解者。今回の乗船などについても、大野さんに快くご承諾いただきました。

船橋漁港からの出港は午前5時。暗闇のなかを巻き網船が東京湾へ出ました。巻き網船団は、巻船2隻と手船（運搬船）、伝馬船からなります。私たちは手船に乗り、巻船による漁を見ながら、漁に支障が出ないように気をつけて、ナノバブルの試作機の実験を繰り返しました。

◉コラム

めざせ　三番瀬の自然再生！（その4）

3月×日　ノリすき体験、三番瀬のノリは美味しい！

毎年恒例のノリすき体験イベントを開催しました。主催は市川市で、広報で参加者を募集したら、受付開始後数時間で定員を超える応募が殺到（？）したそうです。三番瀬への関心の高さでしょうか。とてもうれしいことです。イベント当日は快晴、微風と天候にも恵まれ、約100人が手すき、天日干しのノリづくりを体験しました

ノリは行徳の地場産業でもありますから、最近は市内の小学校や公民館などでも体験イベントが開催されています。でも、ほかとは絶対違うぞと胸を張れるのが、三番瀬を見渡せる会場で開催していること。海にあるノリ柵が見えたり、船に乗って作業する漁師さんが見えたりと臨場感いっぱい。しかも漁師さんにノリ網ごといただいて、会場にノリ網を張り、参加者にノリ摘みから体験してもらったり、ちゃんと竹を組んでノリの干場をつくったりと、できるだけ昔のノリづくりを再現したいと工夫していること。そして、イベントの運営には三番瀬の再生に燃える若いスタッフがあたっていることでしょうか。

午前中にノリ摘みやノリすきを体験してもらって、昼食時には佃煮、酢の物など、生ノリを使った料理を試食してもらいました。そして、ノリが乾くまで、ノリすきに使うノリ簾づくりや、三番瀬クイズ、漁師さんのお話を聞いて、楽しくすごしました。最後に、完全に乾いたのを確認してノリ簾からはがしてできあがり！　つくったノリはみなさんに持って帰ってもらいました。美味しく食べてもらえたかな？　三番瀬でこんなに美味しいノリがつくられていることを、とくに地元の人には知ってもらいたいし、そんな海の近くに住んでいることを誇りに思ってもらえたらうれしいなあ（写真は、2007年3月10日のノリすき体験）。

冬に産卵をして、多くの成魚が死んでいき、春は生命の誕生の季節。昔から三番瀬は豊穣の海と呼ばれ、魚湧く海とも称されました。

カレイ、ハゼは春に三番瀬に姿を見せます。五〇センチを超えるサイズになるスズキやボラも幼魚、稚魚と呼ばれる子どもの時期を三番瀬ですごします。そして、湾内で成長し巻き網漁や底曳き網漁の対象となり、食卓へと供されます。

青潮が生じれば、とくに貝捲き漁には大きな被害が出ます。現在の三番瀬の漁業は大きな課題を抱えていますが、三番瀬の自然再生と街づくりを考えるうえで欠かせない存在であることはたしかです。

三番瀬問題～放置された傷ついた海

埋め立てから保全へ

三番瀬には、最近まで千葉県によるさらなる埋立計画が、実に四〇年以上にもわたって残っていました。この海域は長い間「埋立予定海面」と呼ばれていたのです。

一九九三年には、現在の三番瀬のうち船橋側二七〇ヘクタール、市川側四七〇ヘクタール、合

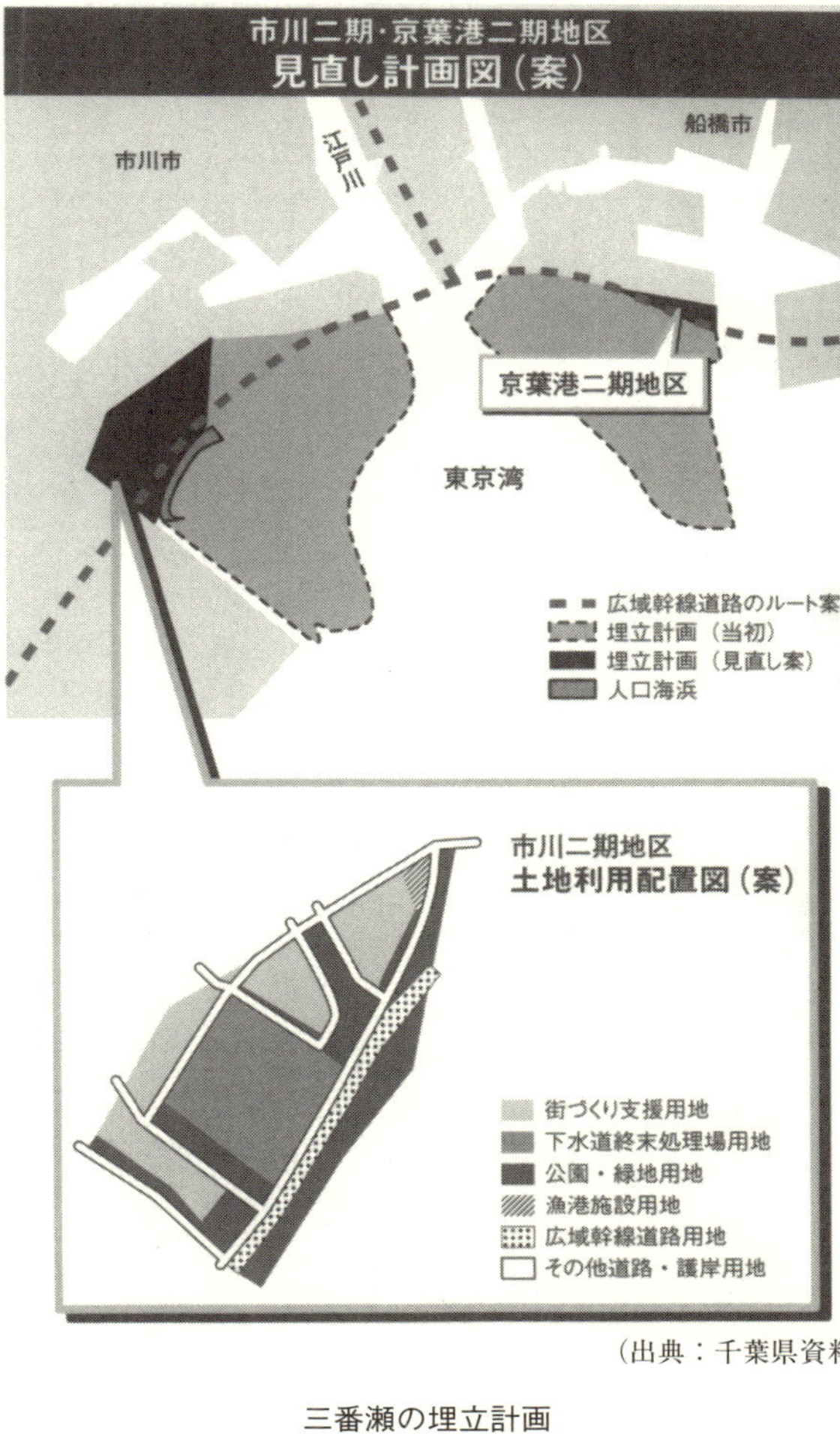

（出典：千葉県資料）

三番瀬の埋立計画

三番瀬は2000年まで、過去40年にわたり埋立計画があった。1980年代後半からは三番瀬の約3分の2が消失する740ヘクタール埋立計画があり、その後1999年に101ヘクタール埋立計画に変更された。2000年に知事が交代するとともに、計画はなくなっている。

計して計七四〇ヘクタールを埋め立てる計画が発表されました。三番瀬（一メートル以浅）を三分の二以上埋め立てるこの計画には反対も多く、その後、県は独自の環境アセスメントを行ない、三番瀬を「ほかに類例のない重要な海域」と認識し、一九九九年に面積を七分の一以下の一〇一ヘクタール（市川側九〇ヘクタール、船橋側一一ヘクタール）と計画を縮小しました。

すでに日本の経済はデフレスパイラルに入り、土地神話は崩れ、人々の気持ちは開発・整備された土地よりも身近な自然に価値を見いだしていました。

とくに干潟のような湿地は「ウェットランド」と称され、たくさんの命を育む貴重な自然として、世界中で保護・保全の対象となっていました。この時点で、地元の市川市は三番瀬の保全を前提とした事業へのシフトを千葉県や環境省に要望していました。

二〇〇一年、三番瀬の埋立計画を白紙撤回することを公約に掲げた堂本暁子氏が千葉県知事に就任します。議会で「自然環境の保全と、地域住民が親しめる里海の再生をめざす新たな計画をつくるため、これまでの計画をいったん白紙に戻す」と発表して、三番瀬を埋め立てる計画はすべてなくなりました。議論は三番瀬を埋めるか埋めないかではなく、どのように保全・再生していくかということに移ってきたのです。

奇跡的に残った三番瀬ですが、多くの課題を抱えています。

最も深刻なのは青潮と呼ばれる現象です。

三番瀬付近には、航路や、埋め立て用に海底の砂を採取したときにできた巨大な土取り穴など、不自然な深みがあります。また、東京湾のもともとの深みが随所にあって、ここには大量の無酸素の水がたまっています（これを「貧酸素水塊《ひんさんそすいかい》」と言います）。夏から秋にかけて陸風（北東風）が吹くと、この無酸素水が水面に上がってきます。

これが、青潮です。

青潮が三番瀬の浅瀬に上がってしま

青潮に襲われた三番瀬

河川から生活排水などに起因するリン、チッ素が大量に流れ込み、また干潟の9割以上が消失した東京湾では、その海底付近に酸素が極端に少ない海水がたまっている。それが、三番瀬へ湧き上がってくると、多くの干潟の生物を死滅させる。写真は、青潮が生じた翌日の三番瀬。砂のなかにいた貝類のほとんどが地表に這い出て、息絶えている。

うと、干潟にいる二枚貝やカニ、魚までも死んでしまう被害が出ます。

根本的な解決には家庭排水のリンやチッ素を減らすなど、広範囲な対策が必要となりますが、対処法としては海中の空気を増やし、青潮の原因となる増えすぎたプランクトンを食べてくれる生物を増やすことです。そのためには干潟を増やしたり、アマモなどの海草が生えるアマモ場をつくる方法が考えられます。

さらに、青潮による生物の死滅を少しでも緩和するための緊急対策も必要です。青潮が発生したときに、無酸素の海中に空気を放出することで、生物

海辺の現状のシンボル？　三番瀬の直立護岸

三番瀬は、周囲をぐるりと直立護岸などに囲まれている。船橋市側に砂浜があるが、これは人工海浜だ（ふなばし三番瀬海浜公園）。すでに三番瀬は、かつての面積の3分の2を失い、自然の海岸線は1センチもない。それでも、三番瀬は全国的にもかろうじて残った干潟・浅瀬だ。ある意味で三番瀬は、現在の日本の海辺を示す典型例と言えるかもしれない（写真は市川市塩浜の直立護岸）。

の被害を減らすのです。私たちは現在、ナノバブルによるエアレーションの実験をしています（コラム五六ページ参照）。

課題は、青潮だけではありません。埋立計画があったために、それと連動して考えられていた周辺の街づくりが遅れて、埋め立てまでの暫定的なものであったはずの直立護岸が延々と続くとともに（市川側）、その護岸は老朽化し、いつ崩れてもおかしくないという危険な状態になっています。

そして、埋め立てでできた土地を工場用地とし、住民を海から遠ざけたことにより、人々と海とのふれあいの機会が減りました。海と賢くつきあうためのルールがなくなり、密漁やゴミの不法投棄が行なわれるようになり、三番瀬の海辺は無法地帯となってしまいました。

三番瀬再生の主体となるべき千葉県は、三番瀬の再生計画を策定するために、専門家、漁業者、地元住民、ＮＧＯなどの関係者が参加する三番瀬再生計画検討会議（三番瀬円卓会議）を設置。二年間にわたって検討を行ない、二〇〇四年一月に計画案を知事に答申しました。

それから四年。現在はこの後継組織である三番瀬再生会議に実施計画を諮問し、議論が続いています。

埋立計画はなくなりましたが、再生に向けた議論の裏で三番瀬は放置されたままなのです。再生はおろか何の保全策も、市民とのふれあいもないまま、長い時間をすごしてしまいました。

保全運動の軌跡

三番瀬フォーラムグループ

私たちはこんな三番瀬をフィールドに活動しています。そして、私たちが三番瀬の名前を冠した最初の団体です。そもそもこの海域に「三番瀬」という名前をつけたのも私たちでした。もともと、市川と船橋沖のこの海域を指す名前はなかったのです。でもそれでは保全活動がやりにくいので、かつてのノリ漁場を指す地名のひとつであった「三番瀬」という名前を意識して使うようにしたのです。「三番瀬」という名前はたくさんのメディアに取り上げられ、あっという間に世界中に広がりました。

その一方で、地元の漁業者からは「行徳側は三番瀬と言わない」「もう三番瀬は埋まっている」などという反発もありました。「三番瀬」の名前を使うなら協力しないからと言った釣り船屋もありました。当時、マスコミが使った船橋海浜公園の前の干潟の映像に「三番瀬」とテロップが出ようものなら大変です。公園の担当者から抗議の電話がきたのも一度や二度ではありませんでした。新聞記事や行政の文書でも、「市川・船橋沖の通称三番瀬」という表記が一般的でした。

それがいつしか「通称」がとれ、三番瀬と言えば市川・船橋沖の海域を指すと誰もが認識し、行政がつくる地図などにも「三番瀬」の地名が載るようになりました。先の釣り船屋はアサリの漁師が経営していて、朝とってきたアサリを店先で売っているのですが、「三番瀬産アサリ」と看板を出すようになりました。「あれ、三番瀬でいいの？」と、ちょっと意地悪な質問をすると、「行徳沖って書くより売れるんだよ」と、ちょっとバツが悪そうに答えていました。

あれほど「ここは三番瀬ではない」と言っていた船橋海浜公園は、「ふなばし三番瀬海浜公園」と名前を変えていました。三番瀬と謳ったほうが、三番瀬とつながっていることを示したほうがイメージがよい、と考えるようになったわけです。みなさんの意識の変化は大歓迎です。人々の気持ちが埋め立てて土地にするより、海として残そう、活用しようという方向に変わったなと実感できた瞬間でした。

一九八八年・三番瀬研究会、一九九一年・三番瀬フォーラム発足

私たちの活動は、一九八八年一月に三番瀬研究会を立ち上げたことから始まります。トヨタ財団の助成を受けて、「埋め立てを行なうことなく創出できる市民の親水空間を」をテーマに調査研究を行ないました。埋め立てによる土地造成か、まったく手をふれない自然保護かで議論が対立していた時代に、失った三番瀬海域の修復を目的とした「自然再生」というアプローチがあることを明確にしたのです。このときにつくった二枚の未来予想図「2020年の三番瀬に贈る」が今、NPO三番瀬が展開している三番瀬の自然再生事業の基礎となっています。また、一九九一年には「三番瀬・都市の中の自然海域　国際シンポジウム」を開催し、三番瀬の名前を世界に知らしめました。

三番瀬研究会での研究成果をふまえ、保全・再生の活動を市民へと拡大していくことを目的に、一九九一年四月「三番瀬フォーラム」を立ち上げました。会員を広く募り、毎月一回は海に行くこと、年一回は大きなイベントを開くこととし、以後、三番瀬干潟散策会を継続的に開催するほか、三番瀬の環境連続セミナー（二四回）、三番瀬まつり、椎名誠氏（作家）、中村征夫氏（写真家）、C・W・ニコル氏（作家）など著名人を招いてのトークライブなどを主催しました。

岩垂寿喜男環境庁長官との約束

なかでも一九九六年七月に開催した「三番瀬から、日本の海は変わる　Neo Tokyo Bay Plan環境シンポジウム」は、現職の環境庁長官が出席し、三番瀬を埋め立てる計画をつくっていた千葉県企業庁の担当課長が市民主催のシンポジウムにはじめて参加するなど、大きな話題となりました。

一〇〇〇名を超える聴衆が集まる幕張メッセの会場で、環境庁長官・岩垂寿喜男氏は次のように発言しました。「私は、三番瀬の環境を何としても守り抜いていただきたい――そういう気持ちを率直に申し上げたいと思います」。

埋立計画を進めようとしていた千葉県企業庁の関係者のいる前での環境庁長官の発言がいかに重いものだったのか。事実、その後、埋立計画は大きな変更を余儀なくされていくことになりました。

このシンポジウムは、表面上は市民団体が主催したことになっていましたが、実は岩垂氏の強い意向のもとにセッティングされたものでした（詳しくは、三番瀬フォーラム著『三番瀬から、日本の海は変わる』きんのくわがた社、参照）。

岩垂氏には、私たちの考え方、つまり「今、求められているのは、『保護』ではなく『保全』。三番瀬に手をつけないのではなく、その自然を回復させることが必要」ということを十分理解したうえで全面的に賛同してもらっていました。政府与党・霞ヶ関の力学のなかでこのシンポジウムに参加し、こうした発言を行なうことには大きなリスクがあるにもかかわらず、積極的に動いてくれたのです。

残念ながら、その後岩垂氏は逝去されましたが、私たちはこのとき岩垂氏と約束したのです。埋立計画を根本的に見直し、三番瀬を必ず二枚の未来予想図のような自然に再生させようと――。

拡大する三番瀬フォーラムの活動

その後、「三番瀬から、日本の海は変わる」シンポジウムは、専門家、行政、漁業者、市民など三番瀬の当事者たちがテーブルにつくシンポジウムとしてシリーズ化し、全九回開催しました。そして、三番瀬が抱える問題を整理する一方で、その解決策として自然再生という方法があることを一般に広めることができました。

また、三番瀬ガイドブックやブックレット、単行本『東京湾三番瀬　海を歩く』（三一書房）を出版し、ビデオ「三番瀬輝きのとき」を制作することで、自分たちの足で集めた三番瀬の情報を発信し、多くの人に三番瀬を知ってもらう努力をしてきました。

一方、市川市や浦安市に三番瀬フォーラムの支部ができ、地域に密着した活動も積極的に展開していきました。一九九四年に発足した「行徳の自然に親しむ会」では、市川市、行徳漁協の協力を得てノリすき体験を実施し、三番瀬の行徳側の干潟（沖《おき》の大洲《おおす》や人工干潟）での散策会を定例化しました。行徳ならではの海辺の体験として、塩づくりイベントも開催しました。

また、三番瀬まつりでは、市川市や地域の文化団体（行徳文化懇話会）と実行委員会をつくり、大学の研究機関（千葉大学都市計画研究室〔代表・北原理雄教授〕）の協力も得ながら、地域で長年生活をする人々からかつての海辺の話を聞き取り、それをヒントに三番瀬のあり方を「三番瀬　海辺のふるさと再生計画」としてまとめ、提言しています。そんな経緯もあって、二〇〇〇年からは「三番瀬まつり」を開催しています。六回目からは地元企業の団体（市川市塩浜協議会）、市川市と実行委員会をつくり、地域の祭りとしての位置づけもできるようになってきました。

二〇〇一年、NPO三番瀬が発足し、本格的な自然再生活動へ！

一〇年間NGOとして活動を続けてきましたが、三番瀬再生へ向けた、たしかな手応えのなかで、行政や企業などとの協働を視野に入れて、二〇〇一年三月、三番瀬フォーラムを母体とするNPO法人三番瀬環境市民センター（NPO三番瀬）を設立しました。これまでと変わらず、東京湾の最奥部に残る干潟浅海域「三番瀬」の保全・再生をその設立目的に掲げ、具体的な自然再生事業に向けて活動しています。

三番瀬フォーラムの頃からの活動実績を評価されて、三番瀬のガイドや講演会などの講師を務れる青潮対策を具体化するプロジェクト、水源のない埋立地で湿地を回復するために雨水利用を進めるプロジェクトなども動いています。

案内所でガイドを務めるのは、三番瀬の講座と実地訓練を受けた三番瀬レンジャーたちです。現在、大学生から70代まで150人以上のレンジャーが登録され、交代で案内所の当番を務めています。案内所にいるだけでなく、三番瀬のガイドもできるし、体験イベントも企画します。自然再生の担い手として現場での作業や実験にも参加しています。みなさんに三番瀬のことをきちんと伝えられるよう勉強と実践をやっている人たちですので、何でも気軽に尋ねてください。おもしろい話が聞けるはずです。

展示室の中央にあるタッチプールものぞいてみてください。生物はもちろん、砂も海水も全部三番瀬から持ってきたものです。カニやヤドカリ、エビの仲間、魚たちにヒトデ、ナマコと干潟の生物がたくさんいます。干潟の生物はみんな地味ですが、目が慣れるといろいろ見つかるはずです。名前がわからなかったり、見つけ方がわからないときはレンジャーに聞いてください。得意になって教えちゃいますよ。

タッチプールの横のアマモ水槽も必見ですよ。アマモ場に潜ったときの感動を味わっていただきたくて、特注で背の高い水槽をつくってもらいました。アマモには小さな巻き貝やウミウシ、ワレカラなど、ふだんは見逃してしまうような生物がたくさんついています。そして、それらを食べる魚たちも集まってきて、とても生物が豊かなのです。アマモ場の小宇宙を感じてください。

このほかに三番瀬や干潟の生き物に関する書籍、資料、新聞のスクラップ、NPO三番瀬の出版物など、たくさんそろっています。案内所に来れば三番瀬博士になれる（はず）！

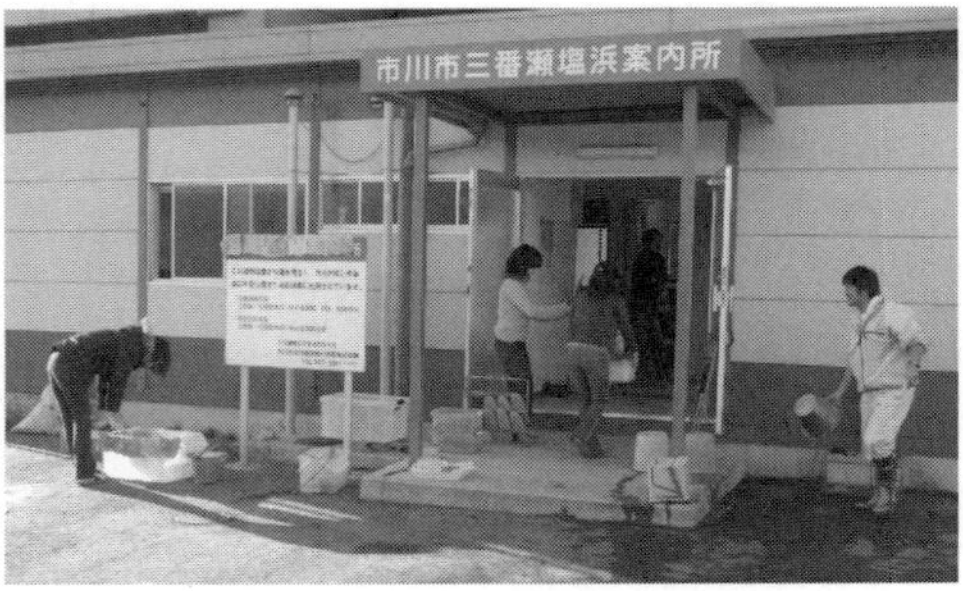

◉コラム

自然再生の拠点・三番瀬塩浜案内所

JR市川塩浜駅の南側にプレハブ平屋建ての「市川市三番瀬塩浜案内所」という施設があります。おそらく工事の飯場か防災倉庫にしか見えないだろうなという外観ですが、JRを利用するときにいつもタッチプールの生き物に会いにきてくれる親子がいたり、夏休みの自由研究の課題探しの小中学生が来たりしています。そうかと思うと観光バスで50人もの団体さんが来たり、国の官僚、他県の行政担当者が視察に来たり、はたまた韓国のテレビ局が取材に来たこともありました。三番瀬の再生と塩浜の街づくりに関心をもつ人たちや、各地で海の再生に取り組む人たちから注目されている施設であることは間違いないようです。

ここは市川市の施設で、行政と市民の協働で三番瀬の豊かな自然を取り戻し、市民が親しめる海を取り戻す活動の拠点として2003年7月にオープンしました。このような施設を提案したのは私たちNPO三番瀬です。長いこと三番瀬の上に覆いかぶさっていた埋立計画がなくなり、保全・再生へとみんなの目が向きはじめるなかで、観念論でないきちんとした情報を出せる機関が必要で、地元に住んでいる、あるいは地元で働いている人たちにとって望ましい再生の方向性をわかりやすく示していかないと、多くの人の理解を得られないだろうと考えたからです。ちなみに、プレハブの施設というのも私たちの提案です。各地のビジターセンターや自然観察施設にありがちな、りっぱな箱物はいらない。大切なのは中身で、そこを運営していく人材の質とノウハウが問われるのだと考えました。このいきさつがあるため、案内所の管理・運営はオープンからずっとNPO三番瀬がやっています。

案内所では、三番瀬の基礎的な情報と市川市、NPO三番瀬やほかの団体の取り組みに関するパネル・資料などを常設展示し、誰でも自由に見学できます。三番瀬のことをお話しできるガイドが施設を案内しています。

また、三番瀬の自然再生に向けた実験フィールドとしても活用しています。今進めているのは海の緑を増やして干潟再生をめざす「アマモすくすくプロジェクト」、陸と海の連続性を再構築して後背湿地再生をめざす「ヨシ原ぐんぐんプロジェクト」、最近このプロジェクトから派生して行徳にかつてあった湿地の要素であるハス田づくりを試みている「ハス田どろんこプロジェクト」。この3つが活発に動いています。このほかにも生物を絶滅の危機に陥めることが多く、毎週どこかにメンバーが出向いています。

自主事業としては、行政関係者や研究者、企業関係者、NGO関係者に参加いただき、三番瀬の保全・再生に向けた具体的な議論を展開する「三番瀬環境保全開発会議」を開催しています。ここでの政策提言を実証していくスタンスで、アマモ場修復をめざした「アマモすくすくプロジェクト」、後背湿地の再生をめざす「ヨシ原ぐんぐんプロジェクト」、「ハス田どろんこプロジェクト」など、自然再生実験にも着手し、成果を上げています。

また、長い間、海とあまり関係をもたずにきてしまった地域の住民たちへ向けて、三番瀬の豊かさや身近な自然とのつきあい方を伝える、体験イベントなど環境学習プログラムの開発、実施にも力を入れています。そして、これらの活動や、保全・再生の担い手を養成するために「三番瀬レンジャー講座」を開催しています。すでに一五〇名以上の三番瀬レンジャーが誕生しています。

さらに、三番瀬や東京湾の自然再生につながる事業も行政へ積極的に提案。それらが評価されるなどして、行政や研究機関などの委託事業も受託しています。

これまでに、海の再生実験（市川市）、海の見学会（市川市）、市民参加型生物調査（市川市、東邦大学）、水中映像撮影（同）、干潟観察会のガイド（国土交通省）、アマモ実証実験（同）などを行なってきました。とくに市川市三番瀬塩浜案内所は、設立を提案し、施設やその内容の検討段階からかかわってきた経緯があり、現在も企画・運営を行なっています。

三番瀬という海にこだわり、ここだけをフィールドにして、これほどの長期間活動をしている団体は、私たち以外にはないと自負しています。「三番瀬」という名前自体、私たちがそう呼ぼうと決め、メディアに乗せる努力をして、世界中に広めてきたのですから。

しかも、三番瀬埋立計画が推進されてきた時代から、三番瀬の自然再生を目的に、自ら発想・企画して、それを実行していく実力ももちあわせています。必要な人材育成もしてきました。行政や企業との連携・協働を何度も経験しているし、再生へ向けた実現可能な提案やコーディネートも行なってきました。三番瀬という海域に重心を置いているのはもちろんですが、自然環境にだけ目を向けるのではなく、漁業やレジャーなど、人とのかかわりや、周辺の街づくり、地域経済の活性化にも着目して活動しています。

再生はすでに夢ではない

「三番瀬再生の明確な目標に向かって走り続けた一五年。先駆的な知恵と技術を手にし、それを実践できる力を蓄えた今、再生はもはや夢ではないと確信する」

二〇〇六年一月、三番瀬フォーラムの会報「瀬流」の一面に、私たちはこの言葉を躍らせました。三番瀬再生の中心となるべき千葉県が行なっている議論は再生の方向性さえ見えず、合意形成もままならず、具体的な自然再生事業が何ひとつ実施されないまま、時間とお金だけが費やされていたこの時期にです。不毛な議論の末、関係者の間には「もう何もできないのではないか」という閉塞感がただよっていました。

次章で述べるとおり、二〇〇二年、私たちは、千葉県が設置した三番瀬再生のための枠組みを飛び出しました。遅々として進まない千葉県の再生事業を尻目に、自分たちがつくった三番瀬の未来予想図を実現するために一歩一歩、確実に歩を進めていました。情報を集め、必要な技術を身につけ、三番瀬に必要な再生を提言・プレゼンテーションしつづけ、多くの人々の共感を得ながら、現場での小規模な実験を重ね、その結果を検証しては先に進むという、地道な積み重ねをつづけていました。

その結果、再生の枠組みのいちばん外側にいたはずの私たちが実は中心にいて、三番瀬と街の再生の牽引車となっていることに気づきました。三番瀬が発する声を伝え、市民、行政、研究機関、地元企業、漁業者、再生のための技術をもった企業と必要な連携がとれ、それぞれの間をとりもつコネクターとなり、コーディネーターとなって、再生のための道筋をつける役まわりとなっていたのです。

「再生はもはや夢ではない」と書いたのは、決して大風呂敷でもハッタリでもありません。自分たちが立てた目標を見失わずに一つひとつ実現していくこと、それをきちんと発信してたくさんの共感者を得ていくこと。このやり方を進めていけば、必ず三番瀬の再生はできる、社会を動かすことができる。いや、この方法しか三番瀬の再生は成し得ないと確信しています。

◉コラム

三番瀬環境再生のための素材探し（その1）

ナノバブル

私は「三番瀬の環境再生に使える！」と思われる新素材を探すため、ネットやテレビの経済番組などをこまめに見ています。今の時代、自然再生のために開発された素材や製品はたくさん出ています。でも、それが必ずしも三番瀬という特殊な環境で使えるとは限らないのです。その一方で、海とはまったく関係がない、自然再生とは違う分野のものでも、これは三番瀬に適合するかもと、ピンとくるときがあります。目的に近づくためには何が必要かを常に考えていれば、当然かもしれません。

これはと思うものを見つけてはメールを送って、資料を取り寄せたり、実物を手にしたり、あるいは国際展示場に出向いて性能やコストを確認しています。私が三番瀬に必要と考えている物の基本は、製造工程においてエネルギーをあまり使わないこと、稼働させるエネルギーも太陽光や波力、風力など自然から得られる電気や動力であること。素人でも扱えて市民参加型の共同作業で再生を進行させられるもの。そして三番瀬の海底に負荷をかけない軽量な素材であること（これは同時に順応的管理につながり、計画変更を容易にします）。製造工程で膨大な電気エネルギーを使うアルミなどはここからはずれます。単純な鉄のように塩害で朽ちてしまうものもここからはずれます。だからといって木材では強度が足りません。一見すると難しいことのように思われるかもしれませんが、技術革新のペースはドッグイヤーどころではないようです。果たして探しまわり歩きまわった成果はいくつもあります。

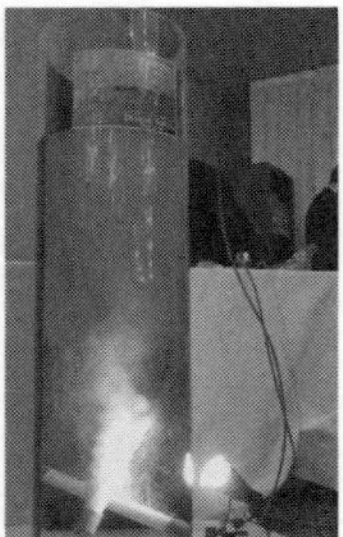

そのひとつが、青潮対策用のナノバブル（超微細泡）です。あるフィルム素材を見つけました。このフィルムに空気を送り込む、それだけでナノバブルが発生するという特性を利用して共同開発を進め、どうにか足掛け2年で実用化にこぎつけました。写真は、試作中のナノバブル発生器です。8月からは本格的な実証実験が海で始まります。1気圧－100Vで動くコンプレッサーがあればよいという優れものですから、太陽光発電でもランニングエネルギーは得られるのです。(S.O.)

第二章　アマモの移植へ向けて

15年前の三番瀬で見つけたアマモ

「おもしろいもの見つけたから、写真撮りに行かないか？」

市川市行徳漁協の理事から電話が入りました。1993年春のことです。

船で三番瀬に連れていってもらうと、沖にやけにざわざわした海面が見えます。近づくにつれて、それは直径3メートルくらいのアマモの群落であることがわかりました。船長がそのなかに竹ざおを挿して持ち上げます。たしかにアマモです。ニラのような細い葉っぱには生物の卵と思われる白い点々やゼリー状の塊がたくさんついていました。

このとき、私（町田恵美子）はアマモの群落を中心に、東西南北の風景も写真に収めました。後日、またここに来るためです。そして、船長の小埜尾精一はこの4枚の写真を頼りにアマモを探し出しました。この年はタイ米騒動が起きた記録的な冷夏。アマモは夏を越したことを確認しています。この1枚の写真があったから、必ず三番瀬にアマモ場を再生できると確信していたのです。

アマモを植えよう

「今年度内にアマモを移植したい」

二〇〇二年一二月、三番瀬フォーラムグループを率いる小埜尾精一が突然言い出しました。

私たちの活動はこんな具合に彼の一言で始まることが多いのです。

しかし、それが単なる思いつきではないことはわかっています。自分たちの状況、社会的な環境を考えると、このタイミングでやることがベストであるという判断があったのでしょう。そして、それがたぶん間違っていないこともわかっています。

三番瀬フォーラムのメンバーは、少々の難題でも、過去のこんな場面でそれを実現すべく奔走し、道を切り開き、数々の成果を上げてきました。けれども、そんな私たちでも、その一言には、正直言って驚きました。

アマモとは?

そもそも、アマモとはどんな生物なのか。まずその説明から始めましょう。

アマモは海のなかの植物です。コンブやワカメ、ノリなどの藻類とは違い、陸上の稲に近い植物です。その証拠に根や茎、葉がきちんと分かれていて、花を咲かせて種もつけます。

内湾などの波が静かで日の光が届く浅い砂泥底に根を張り、水の汚れの原因となるリン、チッ素を栄養分として吸収します。そして、光合成をするので二酸化炭素を吸収して海中に酸素を放出します。つまりアマモは海水をきれいにして沿岸の環境を守ってくれる植物なのです。

アマモは地下茎で増えていくので、時に大きな群落をつくります。そのようなところをアマモ場と呼びます。

アマモの葉が重なり合ってつくる複雑な空間は、生物にとって安全な隠れ家となります。いろいろな生き物が生息場所にしていますし、産卵の場として利用されるので、幼稚子魚を守り育てる「ゆりかご」でもあるのです。アマモ場があると生物の種類、量ともに豊かになることが知られています。

かつては、東京湾をはじめとする日本の沿岸域にはアマモ場がたくさんありました。しかし、埋め立てが進み、アマモが生える浅い海が少なくなり、水質の悪化も影響してアマモ場は壊滅的に減ってしまいました(第四章参照)。なくなってはじめてその重要さに気づき、日本の各地でアマモの移植が行なわれ、アマモ場を復活させる試みが行なわれています。

アマモが生育するためには、いろいろな条件があります。まず、干出《かんしゅつ》するような浅い場所では枯れてしまいます。また、波の影響が大きいと流されてしまうし、深いと濁りやプランクトンの

アマモ

アマモはアマモ科の海産顕花植物。浅い海の砂泥底に地下茎を張って生長分布する。砂中・海水中のリンやチッ素を栄養分にして生長する。光合成をして海中に酸素を放出し、またその地下茎は海底の砂が波や潮流に流されることを防ぐ役割も果たす。海のなかでアマモがまとまっている場所をアマモ場と呼ぶ。このアマモ場は、生き物の産卵場として活用されたり、幼少期の生き物などの生息場となっており、「生き物のゆりかご」とも言われる。

影響で太陽の光が届かず、十分に光合成ができずに枯れてしまいます。人工的に育てるためにはさまざまな条件をクリアしなければならない、なかなかデリケートな植物なのです。

三番瀬　海辺のふるさと再生計画

三番瀬にも、かつては広大なアマモ場がありました。三番瀬研究会が一九八八年から行なった研究をまとめた「2020年の三番瀬に贈る」（一九九〇年）と題した再生のイメージ図にも、再生すべき環境としてアマモ場が描かれています（口絵参照）。

一九九九年から二年間にわたって行なった「三番瀬　海辺のふるさと再生計画」でも、アマモについての多くの知識を得ることができました。

このプロジェクトは、かつての三番瀬の海辺がどのようなものであり、地域の人々がどのようにつきあっていたのか、それを知るために、三番瀬の海辺の地域で長年暮らしてきた方々から直接聞き取りを行なうというもの。そして、そこでの聞き取り結果をヒントにして、これからの海辺再生のあり方と利用方法を提案するというものです。

私たちとともに、市川市と地域文化団体である行徳郷土文化懇話会が実行委員会を組織し、千葉大学都市計画研究室の協力を得て、聞き取り調査が行なわれました。

足掛け三年間に及ぶ調査では、市川市の行徳を中心に、隣の浦安市まで足を運びながら、調査に協力いただく方々の自宅などを訪れました。

ある日の朝、元漁師さんの自宅へうかがうと、話を聞く前から一升瓶の酒をドンと置かれ、酒を飲むよう勧められたこともありました。ついつい飲みすぎて酔ってしまい、後でテープ起こしをしたスタッフから「ヘンな話ばかりしてる」と叱られたことも。今では愉快な思い出です。

それでも、かつての海辺の形状や利

三番瀬　海辺のふるさと再生計画

1999年から3年間にわたって実施したプロジェクト。三番瀬の周囲が大規模に埋め立てられる前の海辺を知っている地域住民の方々から、かつての海辺の形状やそこでの生活について聞き取り調査を行ない、それをヒントに三番瀬の再生像を探ろうというもの。千葉大学都市計画研究室の協力を得ながら、その学生たちとともに実施した。主催は、NPO三番瀬とともに、市川市と地域の文化団体である行徳郷土文化懇話会。

用方法について、貴重な話をたくさん聞くことができたのはたしかです。

幼い頃に友だちと一緒に干潟へ遊びに行っていたおばあさんたちや、小さい頃から船で漁に出ていた漁師の方々などから、どのように海へ行っていたか、地図にルートを落とし込んでもらったおかげで、埋め立て前の沿岸の自然環境がよく理解できました。また、現在残っている海域でも、地盤沈下や澪の造成などによって海底の地形がかなり変わっていることもわかりました。

この聞き取り調査でも、アマモの話をたくさん聞くことができました。

行徳ではアマモを「ナガモ」と呼び、そのなかにはたくさんの生物がいることを、みなさん覚えていました。

「海のなかはモクだらけだった。小さいケモクってのがあんだよ。そういうのはとらない。ナガモって幅一センチくらいで長さが六〇～七〇センチくらいになる。そのナガモのなかにカニの巣があるわけ。それをとるにはナガモを手にぐるぐるまいて、手袋のようにしてとるんだよ。手袋なんかないんだから」

「夏の暑いときは、ウナギとか魚がナガモの下に避難していた」

「ナガモのなかにはイシガレイやメゴチの稚魚がたくさんいて、大きくなるまで守られていた」

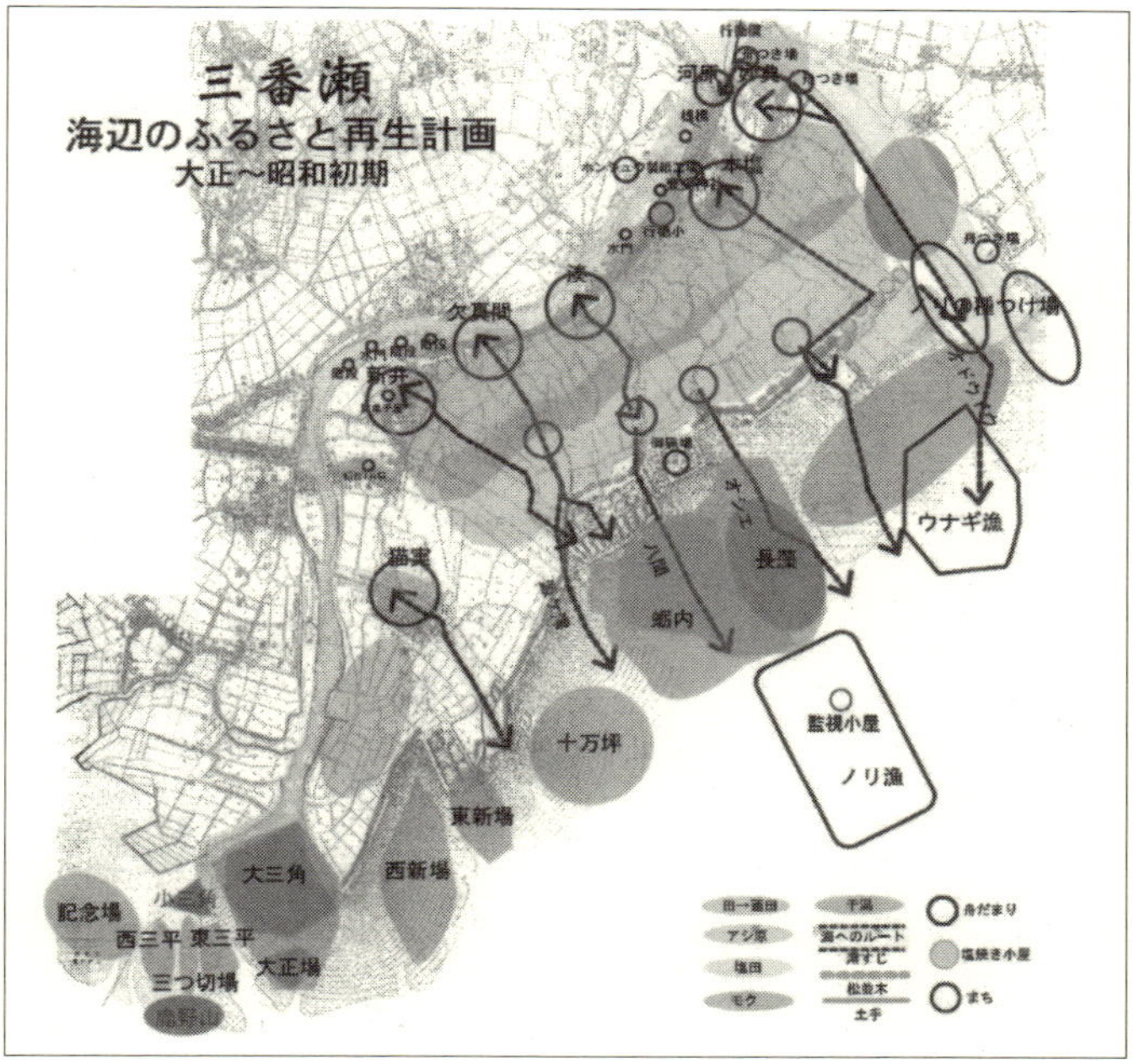

三番瀬　海辺のふるさと再生計画

地元市や地域文化団体とともに、三番瀬の海辺で長年暮らしてきた方々から、大規模な埋め立て前の海辺がどのようなものであり、そこをどのように利用していたのか、聞き取り調査を実施した。調査を通じて、三番瀬再生のヒントをたくさん得ることができた。図は、調査に協力いただいた方の話から、当時どのように海へ行っていたかというルートを当時の地図へ落とし込んだもの。

このように、どの人もアマモ場の思い出を楽しそうに話してくれました。

しかし、「浅瀬にはナガモがたくさんあり、船のスクリューにからまった」「モクがちぎれてノリに混じってじゃまだった」「ノリとモクは海の栄養を取り合っていた」「ナガモのところはアサリ漁をしづらい」など、漁業と競合する部分もあったようです。

とくに、三番瀬で主力の漁業であるノリ養殖にとっては非常にやっかいなもので、負のイメージを語る人もいました。そんなこともあり、「藻場ではアサリ漁をしづらい。漁場拡張のためにどんどん抜いてしまった」という話も出てきました。

また、一九六〇年代後半から行なわれた、周辺の埋め立てや開発も追い打ちをかけます。「市川航路を掘ったらナガモが生えなくなった」「赤潮、青潮が発生するようになって、ナガモはなくなった」など、人的なインパクトや地形の変化、水質の悪化によって、どんどんアマモ場がなくなっていく様子も語ってくれました。

そして、「藻場がなくなって砂の面が動くようになり、アサリなどの貝類が安定しなくなった」「ノリの季節になるとカモがやってきてナガモを食べていた。今はナガモがないからノリを食べている」と、なくなってはじめてアマモ場の重要さに気づき、「海を浅くしてある程度たてば、

◉コラム

めざせ　三番瀬の自然再生！（その5）

3月×日　今日も三番瀬塩浜案内所にはお客様

三番瀬塩浜案内所に、エクアドルからのお客様がいらっしゃいました。ペレス・オルテガ・エドムンド・アンドレスさんです。彼はエクアドル国国立公園局の職員で、ガラパゴス諸島の自然保護の仕事に携わっています。今回はガラパゴス諸島海洋環境保全計画プロジェクトの研修で来日し、釧路湿原や小笠原、琵琶湖などの取り組みを視察したあと、東京湾の谷津干潟、三番瀬にもやってきました。

保全に向けた、NPO、行政、地域住民などの取り組み状況と連携、また、干潟散策会や干潟に生息する動植物観察などを通じた環境教育の取り組み状況について研修してほしいとのことでした。「自然遺産にも登録され、国をあげて自然保護が行なわれているガラパゴスから、まだ再生も始まっていない三番瀬になぜ？」と思いましたが、うかがってみると自然保護と、地域住民や漁業者の暮らしとの折り合いのつけ方に、いろいろな問題があるそうです。

その問題の解決には、今のNPO三番瀬のように、行政や漁業者、地元の人々など関係する人たちそれぞれの意見をきちんと聞いて、それをわかりやすく発信してあげられるインタープリターやコーディネーター的な機関が必要とアドバイスしました。また、私たちがずっと主張してきた三番瀬の保全の担い手として漁業者、地域住民を取り込んでいく、あるいは海を保全することで彼らの暮らしが成り立つような社会のシステムを構築していく、といった考え方にも、興味をもったようで意気投合。一方、エクアドルにはボランティアという発想がないそうで、ほとんどボランティアで自然保護や保全活動を支えている日本の現状に驚いていました。

自然と人間がどう共存していくのかは世界共通の問題なのだなあと、再認識！

ナガモは自然に生えてくる」「から砂のところにはナガモは生えない。少々ネタが入っているところをねらえ」と、アマモ場再生を望む声も聞かれました。これには勇気をもらいました。

漁業者のアマモへのアレルギー

当時、漁業者のアマモに対するアレルギーはたいへんなものでした。しかし、各地で漁場再生のために藻場造成の取り組みが始まっていて、地元の行徳・南行徳の漁協ではオゴノリの「藻場」と、干潟には生息しないコンブ、ワカメの藻場を検討していました。三番瀬ではオゴノリは刺身のツマとして、あるいは寒天の材料として出荷をしていた歴史もあります。また、一銭の足しにもならないどころか、それ以上に面倒くさいことを引き起こすアマモを増やすよりは、外洋性だってかまわない、食べられるコンブ・ワカメのほうが、ずっといいと考えたのでしょう。「アマモ」という言葉を口にするのもはばかられる状況だったのです。

しかし、この聞き取り調査のなかから、実はアマモ場の重要性を理解している漁業者もいると知ることができたのは収穫でした。漁業との競合でアマモ場が減少していったのは事実ですが、かつてあったアマモ場を再生することで、三番瀬をさらに豊かな海にできることはわかっているのです。漁業者だって三番瀬をより豊かな海にしたいのだから、折り合えるところは必ずあると、思えるようになりました（なお、ノリに混じると忌み嫌われていたのは、実はアマモではなくてコアマモだということが、後日、漁師さんとの話のなかから明らかになりました）。

再生を標榜する千葉県が再生のブレーキに？

アマモの移植は難しいと考えざるを得なかったのは、その当時の社会状況もありました。千葉県は長いこと三番瀬の埋立計画（市川二期・京葉港二期計画）をもっていて、長い間この海は埋め立てられる対象でしかなく、きちんとした保全・再生策を講じることも、論じることさえできずにきていました。つまり、放置されていたのです。二〇〇一年にそれまでの保守系の知事から堂本暁子知事に代わりました。保守王国と呼ばれていた千葉県で、「市民派」を名乗る女性が知事になったのです。しかも知事は「三番瀬の埋立計画の白紙撤回」を公約に掲げて選挙戦を勝利したのです。

私たちは長年、三番瀬の埋立計画と対峙してきました。しかし、「埋立反対」と言ったことは一度もありません。「千葉県の計画よりも私たちの考え方のほうがよくありませんか」と、カウンタープランを出して少しでもそこに近づけようという手法で、埋立事業を担当する千葉県企業庁と話し合いを続けてきました。そして、それはかなりの手応えがあったのです。埋め立てを容認するという立場をとっていたわけではありません。土地造成のための埋め立てはもうやめて、自然再生のための事業をやろうと主張していました。

その裏には、三番瀬はすでに三分の二が埋め立てられ、海岸線のほとんどが直立護岸で囲まれ、航路を掘ったり、周辺の埋立事業によって、潮流などの環境条件が変わってしまった現実がありました。このまま「保護」したとしても、環境が良くなるわけではない。ある程度手を入れて「保全・再生」をしていくことが必要だという強い確信があったのです。つまり、埋立計画を取っ払うだけでは三番瀬を守ることはできないのです。自然再生のための事業は絶対に必要であるから、市川二期・京葉港二期の計画内容を三番瀬の埋め立てではなく、三番瀬の再生計画にすべきだと考えていました。

こうした観点から、知事には、「計画の白紙撤回ではなく、あくまでも計画の変更でいきましょう」と進言し、一時はそれを納得していただいたようだったのです。ところが、知事を強く支持していた団体から、「なぜ三番瀬の埋立計画を白紙にしないのか」と強く迫られ、最終的には、議会の質問に答えるかたちで白紙撤回を表明してしまいました。三番瀬の不幸はここから始まっています。

知事は、三番瀬に関する事業を白紙に戻して、新たに再生計画を県民参加で、公開されたなかでつくっていこうと、三番瀬円卓会議（二〇〇二～二〇〇四年：三番瀬再生計画検討会議、二〇〇四年～：三番瀬再生会議）を立ち上げました。

ところがこの円卓会議が迷走を続けます。私たちも当初は会議に委員を出していましたが、ふたをあければ三番瀬ではお目にかかったこともないような学識経験者と、「一般公募」という名のもとで、三番瀬のことは何も知らない、初回の会議で「この場で三番瀬の勉強をしたい」と発言するような人が円卓の席についていました。もちろん問題は、こうした人たちを選んだ県にあるというほかありません。

古くから三番瀬にかかわり、その自然の危機的な状況をなんとか打開したいと思っていた漁師や一部研究者、そして私たちは、円卓会議で早期に再生計画がとりまとめられ、一日も早く再生策が実現されることを望んでいましたし、切迫した状況にありました。

しかし、再生計画を策定するどころか会議の場で勉強会が始まり、やっと三番瀬の再生について語れると喜んでいた私たちや古くから三番瀬をフィールドとしていた専門家たちをいらだたせます。また、一部の委員が海域に手をつけることは許さないという論調で、現場を見ている漁師の言葉も、専門家の意見も聞かずに、ひたすら「保護」することを主張しつづけました。

さらに、三番瀬で何かをする場合は、たとえ漁業者が漁場整備のためにする事業でも、港湾管理者がその任務を遂行するために行なう事業でも、すべてこの会議に諮り、了解を得ないと進まないという状況になっていました。常設の専門的な機関でもなく、単なる会合にすぎない組織が、三番瀬にかかわる事業への可否を判断する権限をもつということは、あまりにも常識からかけ離れていましたし、非現実的なものでした。そのうえ、これによって、自然再生に関する国のすべての計画書では、三番瀬の区域は「再生計画を検討中」と記載され、国の自然再生の計画からははずされてしまうことになりました。国の自然再生事業の目玉として三番瀬が位置づけられていたにもかかわらず、そうした可能性が奪われてしまったのです。

二〇〇二年九月、千葉県三番瀬再生計画検討会議の海域小委員会コーディネーターを務めていた小埜尾精一は、その役を辞任しました。会議とは別に海辺再生の予算化を図る動きが明らかになり、知事との信頼関係が決定的に失われたためです。また、当初一年間という計画を示していたにもかかわらず、現実に生じている危機的な海の自然環境への認識がないまま、さらに会議を延長しようとする県に対して、同会議の陸域小委員会委員を務めていた安達宏之は、志村英雄氏（日本野鳥の会千葉県支部長）や風呂田利夫氏（東邦大学教授・生物学）とともに、任期延長を

◉コラム
海をフィールドにすることの意味

千葉県による三番瀬円卓会議の問題点はさまざまあるが、ここでひとつだけ記しておきたいのは、三番瀬という討議すべき場は「海」であるにもかかわらず、それが、あたかも近所の公園づくりのためのワークショップのようなことを行なってきたということだ。

冬の時化《しけ》の三番瀬をべか船で航行せざるを得なかったとき、荒波のなかで前に進もうとしても進めない。近くにはコンクリートの柵や棒杭が右にも左にもある。たかが水深1メートルの海とはいえ、冬の海のこんな沖で投げ出されたら最悪の結果を招くかもしれない。人の力をはるかにしのぐ海の破壊的なエネルギーの前に、私は、この三番瀬という「場」を何よりも恐ろしく感じた。漁師が言う「板1枚、下は地獄」とはこういうものなのかと心底思った。

それでも、風が収まり、日が差し、潮の引いた海は、ほかのなによりも暖かいものを感じる。水ぬるむ春、生命が躍動する干潟と浅場は、私が最も好きな場だ。けれども、直立護岸と幹線道路と工場群に囲まれた三番瀬は、在りし日のように子どもたちが気軽に行ける海ではない。

夏や秋はどうだろう。本来であれば、体を冷やせる心地よい場なのかもしれない。けれども、この海には毎年のように青潮が襲い、そこに住む生物を死滅させる。今は、人が海を痛めつけている現実をまざまざと見せつける季節となってしまった。

海は、近所の公園のように決して静態的な環境ではない。常に動態的な環境だ。しかも環境負荷が著しく高い三番瀬は、とくにそれが言えると思う。そのようなダイナミックに変動する環境の再生を考えるのであれば、やはりその現場から議論を組み立てる仕組みが欲しいし、かつての埋立計画が招いた深刻な利害関係をきちんとふまえながら討議する枠組みが必要だったのだ。

私たちは、今週も海へ出よう。私たちのスタンス、フィールド主義で週末も海へ行こう。(H.A.)

拒否しました。

市川市・東邦大学とともに自然再生の調査・実験を実施

千葉県の進め方に異議を唱え、早々に円卓会議を引き上げた私たちは、別の枠組みでの自然再生の道を探し出しました。

その足がかりとなったのが、市川市から二年間にわたって受託した、三番瀬の調査と自然再生の事業です。三番瀬のなかでもとくに環境が悪化している市川塩浜三丁目の地先（いわゆる猫実川河口域）の底生生物（ベントス）の調査と、水中映像の撮影を東邦大学とのコラボレーションで行ないました。

それとは別に、私たちNPO三番瀬独自で自然再生事業を受託したのですが、この海域では千葉県の円卓会議の許可がなければなにもできないので、海での実験は難しそうです。でも、歩みを止めるわけにいきません。近い将来に必ず可能になる三番瀬再生の日をめざして、今でき得る限りのことはやっておこうと、まず、アマモ場再生の実績をもつ企業の研究者を迎えて、自然再生について勉強会を行ないました。

このとき講師としてお招きしたのが株式会社東京久栄の森田健二さんです。そして、彼によって私たちがアマモ移植に踏み切れなかった最大の問題点がクリアになりました。それは、アマモをどうやって移植するのか、その方法が見つかっていなかったのです。

試しにアマモを水槽のなかに植えてみてください。

アマモは太い根と長い葉を持ち、それ自体にかなりの浮力があります。うまく植えられたと思っても、しばらくすると、ぷかっと水面に浮かび上がってしまいます。ましてや波のある海域では簡単に抜けてしまうことが考えられます。

市川市・大学とのコラボレーションによる調査・実験

地元の市川市と東邦大学東京湾生態系研究センター（風呂田利夫教授）とともに、三番瀬の自然再生に向けた再生実験を開始した。アマモ場再生活動のうち、陸上での市民参加の方策を検討し、また後背湿地のヨシ原を再生するための基礎実験を実施するなど、小規模ながら自然再生の具体化に向けた事業を実施した。

アマモが根を伸ばし、自分で干潟をつかむまで、どうやってそこに固定しておくのか。やはり、研究者のなかでもそこが最大の問題点でした。

　ポットに入った苗をそのまま植えたり、針金や割り箸などで固定する、マットを使うなど、企業でもさまざまな方法が使われています。東京久栄では粘土を使ってアマモの株を固定する粘土結着法を使っていました。

　さらに、東京湾の千葉側に残る最大のアマモ場を見学したり、東京湾の神奈川県側でアマモ場の再生実験に着手している市民団体に話を聞いたり、実際の作業を見学させてもらいました。世のなかは

アマモ移植の技術

自然再生で重要なのは、現場の環境への知見と技術だ。アマモ場再生実験では、とくにアマモの移植に関して、東京久栄の森田健二さんから独自の技術をご提供いただいた。アマモの株に特殊な粘土をつけて、それにアンカーの役割をもたせて海底に埋め込む方法だ。

進んでいました。

一九九〇年に自然再生の一環としてアマモの移植を提案した私たちですが、すでに、その藻場造成の技術が確立し、各地で取り組みがなされ、実際に成功しているところもあるのです。これなら三番瀬でもできそうだと、確信する一方で、自然再生という考え方を発信し、最も再生が必要な三番瀬でそれがまだできない、そこに憤りを感じたことも正直なところです。

さまざまな障害がアマモ移植の原動力に

移植の技術があることはわかりました。でも、漁業者はアマモ場を増やすことに否定的です。再生の主体となるべき千葉県の円卓会議は機能しておらず、そのうえ、「自然再生」さえも「自然破壊」であるというスタンスから、アマモの移植などとんでもないという意見を一部の団体が強く主張していたのです。しかも円卓会議の下部に条例化委員会という組織があって、三番瀬再生を条例で担保しようとしていました。その条例案のなかに、三番瀬にない植物や生物を持ち込んではならないという条項があり、罰則もついていました。

社会的な条件がそろっているとは言えません。そんな状況下でアマモの移植をしようというのです。それも勝手に植えることはできません。海の管理は複雑です。たとえば、ベントスの調査をしたいと思ったら、まず、その海で漁業を営む漁業協同組合の承認を得て、海上保安庁に船で作業をすることを申請して特別採取許可（特別採捕）をもらいます。その際、海面を管理する千葉県にも届けなければなりません。アマモの移植なんて三番瀬ではやったことがないのですから、どこへどう話を通していったらよいのか。でも、やるしかないのです。

三番瀬の海面には、漁業権が設定されているところもあり、そこは組合が「うん」と言わなければ使うことはできません。当初私たちは組合を納得させるのは難しいのではないかと考えていました。アマモに対するアレルギーは相当なものでしたから。一方、千葉県を説得するのも容易ではないことが簡単に予想できます。円卓会議に遠慮して結論を先送りする可能性もあり、円卓会議の了解を得るなどということになれば、絶望的です。

さまざまな検討をした結果、むしろ漁業権の及ぶ範囲で実験区を設定したほうが実現可能なのではないかということになりました。いちばん問題となるのがノリに混ざるという危惧ですが、アマモは三番瀬では夏を越せない、ノリの時期には消滅しているはずだからということで説得しようと考えました。何よりもアマモ場ができれば生物種が増える。漁の対象になるようなカニやエビ、メバル、イカなどが出てくるはずだし、藻場のなかは酸素が多いので青潮対策にもなると、説得材料を積み重ねました。

そして決め手となるのは、共通して抱いていた円卓会議に対する閉塞感だろうとも感じていました。

円卓会議には学識経験者、漁業者、地元産業界代表、地元住民代表、市民団体、公募で選ばれた市民らが委員になっていて、そこに地元市の市川市、船橋市、浦安市がオブザーバーとして席についていました。

一日も早い再生を望む漁業者、地元市、地元産業界、住民代表に対して、再生に対して慎重な姿勢を崩さない一部の学識経験者と市民団体の間で意見がかみ合わず、再生のイメージをつかむどころか、再生ができるのかどうかさえ、わからない状況になっていました。それに対して、漁業関係者、地元市はいらだちをつのらせていました。

私たちはすでに円卓会議の委員を辞めており、自然再生へのステップを確実に踏んでいたので、「会議に頼らず、自ら再生を進めていきませんか」という方向性を示せば、同意してもらえるのではないかという読みがありました。

アマモを移植したいという私たちの呼びかけに、まず、賛成してくれたのが市川市でした。

そして、アマモの移植技術をもっている企業も協力してくれることになりました。勉強会で講師としてお迎えした東京久栄の森田健二さんが、技術指導をしてくださることになり、同社の移植方法を使わせてもらえることになりました。

移植するアマモは富津から持ってくるのがよいだろうということになりました。

新しい生物を持ち込むことで遺伝子の攪乱が起きることが心配されます。しかし、東京湾の内湾、とくに千葉側はかつては延々と干潟が続いていて、アマモ場も連続していましたから、三番瀬も富津も同じ起源のアマモであったと思われます。今も強い南風が吹くと、三番瀬にたくさんのアマモが打ち寄せられ、条件がそろえば小さな群落となります。これだけのアマモを供給できるのは、富津しかありません。

偶然にも、三番瀬フォーラムの古いメンバーである石塚誠が、学生時代に富津でフィールドワークをしていて、富津漁協の方たちと親交があり、その経路で話を進めてもらいました。こちらも快諾いただきました。

◉コラム

めざせ　三番瀬の自然再生！（その6）

4月×日　今年も干潟散策会がスタート！

今年も4月から、三番瀬フォーラムのグループで干潟散策会を実施しました。私たちの干潟散策会では、船を使用します。「干潟に行くのになんで船で行くの？」「歩いて干潟に行けばいいのでは？」などという、もっともな質問が出ることもありますが、三番瀬の場合、周囲が埋め立てられてしまったために、気軽に歩いていける場所に自然の干潟はなく、沖合に干潟が広がるという不自然な形状になってしまっているのです。そのために、私たちは遊漁船をチャーターし、船橋漁港から船で沖合の干潟まで移動して、散策会をしています。面倒ではありますが、でも、一般の方は船に乗る機会もあまりないようで、「船旅気分が味わえる」と大好評です。

今日は、学校関係の方やリピーターのご家族など地元の方が中心。スッキリ晴天、でもちょっと風が強い日でしたが、いつものように貝殻島から散策を開始し、約1時間半かけてゆっくり歩いて見ることができました。沖側に向けて吹く風の影響で引いた潮がなかなか上がってきません。あまり引きすぎた状態では港へ帰ることができないので、アサリの味噌汁と昼飯を食べ、生き物の解説をちょっぴり長めに行なって帰港しました。

潮の干満で時間帯が限られているので、散策できる時間は厳密に決められています。けれども、その時間は参加者の行動を規制していません（澪に近づかせないことや、漁業権内での採取禁止などには細心の注意をします）。分刻みで特定の観察をしてもらうよりも、広い干潟の上で、浅く透き通った水と砂地の上を自由に延々と歩いたり、あるいは水中でキラキラ光るボラの稚魚の群れに出会ったり、コアジサシが捕食のためのホバリングをしている風景をずっと眺めていたりと、思い思いに干潟を感じてもらったほうが、三番瀬を好きになってもらえるにちがいないと考えるからです。

ガイドはあくまでも控えめに、説明を求められればきちんと説明するというスタンスで今日も散策会は行なわれました。

実験の目的

移植の準備を進める一方で、実験の内容も具体的に決めていかなくてはなりません。

これまでに集めた情報にもとづくと、三番瀬からアマモが消失したのは、三番瀬の環境が悪化したからだけではなく、人が積極的にアマモを抜いたり、東京湾内のアマモ場のネットワークが分断されて株や種の供給が十分にされなくなったからだという仮説が考えられます。

また、アマモの生育条件や現在の水質環境などを考えると、三番瀬においては秋から翌年の夏前までの間で生長可能であろうという予測が立ちました。三番瀬の水深、夏場の気温上昇、さらには秋口の青潮という環境条件を考えると、かつてのアマモ場も夏には規模を相当縮小していたのではないかと思われます。しかし、当時は東京湾内にたくさんのアマモ場があり、種や株の供給を受けて、三番瀬のアマモ場も維持されていたのでしょう。

こうした仮説や予測をふまえて、私たちは、次の二点を再生実験の柱としました。

(一) アマモの栄養株を移植して、夏までアマモが生長することを確認する

◉コラム

めざせ　三番瀬の自然再生！（その7）

6月×日　東京湾最大のアマモ場・富津で合宿！

富津には広大なアマモ場があります。三番瀬で行なっている実験では富津のアマモを使わせてもらっています。そのご縁で、1年に一度は大勢のスタッフで富津を訪れ合宿しています。三番瀬で行なっている実験ではたかだか50本、100本のアマモの株の移植でしかありません。大きく増えたって1000本台です。広大なアマモ場を見て、そこに住むたくさんの生物を観察して、アマモ場再生の意義と目標をスタッフ間で共有しようというのが目的です。

1日目はとにかくアマモ場を満喫して、その豊かさを実感しました。みんな夢中で海のなかをのぞいていました。

三番瀬で大規模にアマモ場を再生することになったら、ここがアマモの供給地になります。しかし、三番瀬再生のために富津のアマモ場が影響を受けるようなことになっては元も子もありません。合宿2日目はアマモの分布状況などを調査しました。毎年データを取り蓄積して、富津のアマモ場の状況を把握しています。

(二) アマモが衰退し、消滅するときの環境条件を把握する

実験の目的については、何度も何度も話し合いました。

今回は、三番瀬の三ポイントでそれぞれ五〇本ずつ栄養株を移植して経過を観察し、三番瀬でアマモが育つかどうかを確認するための実験で、本格的な藻場造成へ向けた、いわば基礎データを集めるために行なうものであること。今回移植をしたから、すぐアマモ場ができるというものではないことを繰り返し確認しました。

そして、アマモが枯れて消滅したとしても、なぜ枯れたのかその原因がつかめればそれでよいし、逆に、アマモ場ができるほどに増えたとしても、なぜそうなったのかがつかめなければ、意味がないことも確認しました。

この確認作業は、後にとても重要なことだと気づきました。実験に対する各人のイメージは大きく違い、何をもって成功とするかを先に決めておかないと、評価ができないのです。ある人はアマモが一本でも残れば成功と感じるし、別の人は広大な藻場ができなければ失敗ととるかもしれません。まして一回の実験ですべてがわかるわけでもありません。どんな仮説をたてて、何を証明したいのかという目的がはっきりしていることが大事なのです。

漁協からアマモ移植の了解を得る

着々と準備が進み、いよいよ最大の難関と思われる行徳と南行徳の漁協に実験の了解をもらいに行く日がきました。市川市の職員の方があらかじめ話を通しておいてくれていますが、うまくいくかどうか不安でした。

「間違いなく三番瀬の再生につながるんだから、円卓会議にこれが再生だって見せるためにも、協力してもらえないだろうか」。市川市の職員の方が口火を切ります。

「どこでやるつもりなの？」と組合長。

「沖《おき》の大洲《おおす》の北側です」と小埜尾。

そこは一〇年前に偶然アマモ場ができたところです。

「さすが小埜尾さんだ、よく知っているよ。あそこには時々藻場ができる。あそこならうまくいくかもしれないね」

写真を撮りに行こうと連絡をくれた理事が、組合長となって私たちの前にいました。

「いいことなんだから、やってみたらいいよ。ただしノリの迷惑にならないようにやってくれ」

「大丈夫です。三番瀬のアマモは夏は越せませんから」

三番瀬にノリ網を展開して養殖がはじまるのは一〇月頃です。「寒くなる時期まであるわけはないですよ。そんなことになったら大変です」と、組合長と冗談を交わせるほど、和やかな雰囲気でした。「あそこは南行（南行徳漁協）さんの場所だから、向こうにもあいさつに行ってよ」

その足で南行徳の漁協にも顔を出しました。こちらも二つ返事でOKが出ました。おまけに「何か手伝うことはあるか」と聞かれました。

「実験区を決めるために竹を立てたいの

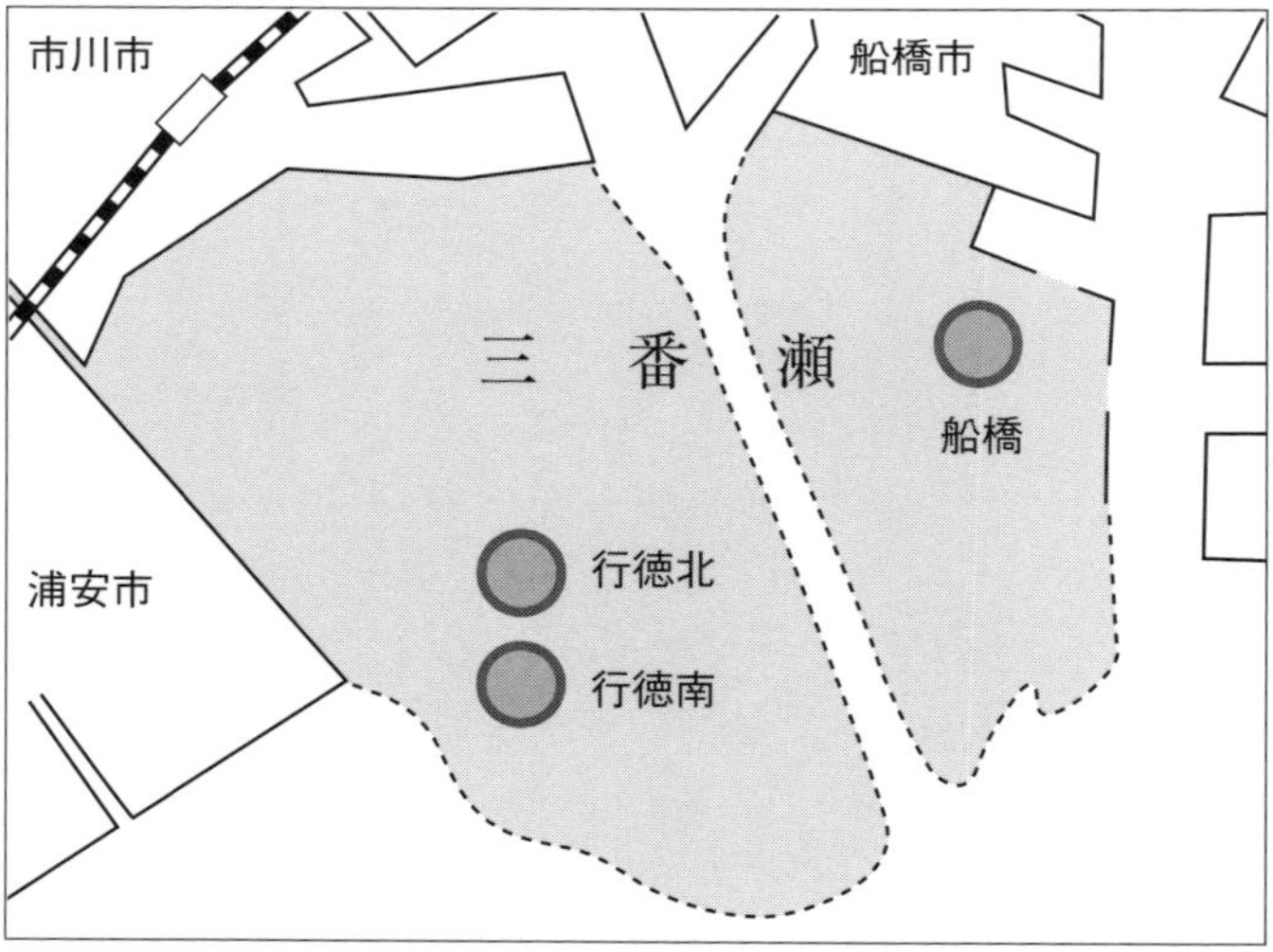

三番瀬の3カ所で移植へ

移植したアマモの株が定着し、アマモ場としての適地を探るため、水深や潮流、波の動きなどを勘案しながら移植ポイントを3カ所選定した。

ですが、私たちにはその技術がありません。お願いできますか」と聞いたところ、一緒に実験区の下見に行って、そのときに竹も立ててあげようと、話は意外なほどスムーズに進みました。

後日、南行徳漁協の理事たちと実験区を決めに行き、組合側の意見で沖の大洲の南側に一カ所、私たちの意見で北側に一カ所と合計二カ所になりました。その後、船橋漁協の許可を得て、船橋側でも一カ所で実験ができることになりました。

機は熟していたのです。私たちが一〇年以上も前から構想していたプランです。当初は「何を夢みたいなこと言っているんだ」と、誰も取り合わなかった未来予想図でしたが、三番瀬の再生は社会的な要請となり、行政からも、漁業者からも、企業からも協力を得られることになったのです。

さあ、いよいよ移植です。長年の夢が実現するときがきたのです。

第三章　アマモ場が再生した！

三番瀬にはじめてアマモを移植！

2003年3月22日は、三番瀬の自然再生にとって歴史的な記念日だ。この日、アマモ場の再生に向けて、三番瀬にはじめてアマモが移植された。その数は、たったの100株。50株ずつに分けて、三番瀬の行徳側に広がる干潟「沖の大洲」の近くの浅瀬に移植した。報道のカメラがその様子を見守るなか、地元の親子連れも参加して行なわれた。

アマモすくすくプロジェクト始動〜2003年3月18日

二〇〇三年三月一八日、私たちは富津の干潟に立っていました。

三番瀬に移植するアマモの栄養株をとりにきたのです。

富津の潮干狩り場の沖には広大なアマモ場があります。富津漁協の許可を得て、大群落のなかから一〇〇株を掘り出す作業をしていました。

「何だ、これは!?」

アマモ場のなかで作業をしていたメンバーから、驚きの声が上がりました。

アマモの葉の表面には、白や緑や黄色の卵塊がたくさんついていました。見たこともない巻き貝もついているし、得体の知れない海藻も見つかります。

三番瀬をガイドするようになって一〇数年、たいがいの干潟の生物は知っているつもりでしたが、富津では知らないものが次から次へと見つかります。

掘り出し作業はいったん中止。急遽アマモ場の観察会が始まってしまいました。指南役の森田さんは「早く作業をしてくれ！」とちょっと迷惑顔でしたが、誰も止められません。

海藻についているワレカラだって、三番瀬の三倍、いや四倍くらいの大きさがあるし、片手では持ち上がらないほどのアメフラシにガザミ、ギンポにアナゴの稚魚、アマモの根元からはハマグリがザックザク。楽しい、いい海です。

富津でのアマモ採取

三番瀬に移植するアマモは、三番瀬よりも40キロ南下したところにある富津産だ。2003年3月18日、富津漁協の許可のもと、富津の海辺に流れつくアマモの株を採取した。はじめてアマモ場に入るスタッフもいたが、ギンポなどの稚魚、イカの子ども、ワレカラの仲間、二枚貝、アメフラシ、ガザミなど、アマモ場にいる生物の多さに驚き、三番瀬での再生の必要性を肌で感じた。

アマモがあることでこんなに生物の種類と、数が増えるのです。ここに比べたら、三番瀬は元気だとは言いがたい。この大群落の一部でも三番瀬にあったら……。三番瀬の再生に、アマモ場の造成は欠かせないと、私たちは強く、強く心に刻みました。

ついに移植！〜2003年3月22日

長年構想していたアマモの移植実験が実現した日、2003年3月22日は、強い北風が吹く雨まじりの寒い日でした。スタッフとマスコミ関係者が二隻の船に分乗して、行徳沖の干潟「沖《おき》の大洲《おおす》」までやってきました。いい具合に潮が引いています。

私たちはアマモの根に、貝殻と同じ成分でできた特殊な粘土を巻きつけて移植する方式をとりました。粘土が重しとなっている間に、根が生長して干潟をしっかりとつかんでくれるのです。それを、沖の大洲の南側と北側に、それぞれ五〇株ずつ、合計一〇〇株を移植しました。

水深が浅い南側のポイントでは、小さな子どもも一緒に田植えの要領で植えました。南側はドライスーツに身を包んだダイバーが作業しました。といっても水深は五〇センチくらい。本当はもう少し深いほうが波あたりも弱く、アマモの活着率は高くなるはずなのですが、三番瀬のよう

三番瀬での移植風景

移植場所となる沖の大洲までは船で移動。資材を担いで干潟に降り立つ。参加いただいた親子には、干出した砂地で移植してもらう。ドライスーツを着込んだスタッフは、海水が覆う砂地で移植した。まだ手がかじかむほどの寒い日であったが、再生の一歩を踏み出す場面に立ち会い、誰もが笑顔で作業を進めた。

な透明度の悪い海域で、太陽の光が十分に届くためには、この深さがギリギリだろうと考えました。

「しっかりと根づいてほしい」と、祈るような気持ちで作業をしました。このアマモたちが三番瀬に根づいていてくれれば、この海域の環境は格段によくなるはずです。

広い三番瀬に植えられた、たった一〇〇本のアマモは、ひょろひょろと波にゆられて、なんだかとても頼りなげに見えました。三番瀬再生へ向けて踏み出した最初の一歩です。ここから、三番瀬再生の歴史が始まるのです。

みんなの願いを受けとめて、がんばれ、アマモ！

移植への反響

移植の模様をマスコミが取材してくれ、翌日、テレビのニュースや新聞によって大きく報道されました。

市川市、漁協などからは、好意的に受け止められたようですが、千葉県や円卓会議の委員などからは何の反応もありませんでした。意外だったのがアマモの研究者や自然再生の専門家たちの反応です。

ひとつは「三番瀬はアマモが生長する環境ではないから、やっても無駄だよ」という指摘で、これはある程度予測していました。かつての三番瀬には広大なアマモ場があったことはわかっています。また、三番瀬からアマモ場がなくなったのは、漁業と競合して人が積極的に抜いたことが大きいと考えていましたから、まったく無理だということはないのです。ただ、夏場に高水温となったときにどこまでアマモががんばれるのかは、やってみなければわかりません。夏に数を減らしたり、消滅するのは予測していることだと、説明しました。

もうひとつは、「三番瀬にない植物を持ち込むことはその地域の個体群を乱したり、遺伝子の攪乱を起こす」という指摘でした。たしかに三番瀬は外来種が持ち込まれやすく、そのまま帰化して在来種をおびやかしてしまうということはよくありますので、心配する気持ちはよくわかります。でも、アマモはもともと三番瀬にあったものだし、今も時々、どこからか流れついた種や株によって小さな群落をつくることがあるのです。まして、同じ東京湾でたった四〇キロしか離れていない富津から株を持ってくるのです。海に仕切りがあるわけではありませんから、三番瀬から富津までの距離なら、生物の交流だってあるはずです。

賛否さまざまな意見が寄せられましたが、それは、各方面の方たちが注目していることの現われです。移植に浮かれている場合ではありません。専門家の検証にたえられるしっかりとしたデータを取らなければと、肝に銘じました。

この年、千葉県が東京湾内のアマモの遺伝子を調査して、三番瀬のアマモと富津のアマモはほぼ同じＤＮＡをもつことが証明されました。

モニタリング～2003年4月

移植後、しばらく強い南風が吹きつづけました。もう気が気ではありません。これでアマモは全部抜けてしまったのではないかと気をもむ日がつづきます。天気図を見て、前日の風向き、風力をチェックするのが日課となりました。

移植をしてしまえば、人間がしてあげられることはもうありません。しかし、今回はアマモが三番瀬で生長することを確認し、さらに生長や消滅の条件を把握することが目的ですから、定期的にアマモを観察していくこととしました。

第一回目のモニタリングは移植後一カ月の四月一三日。

試験の合格発表を見にいくような緊張した気分で実験区に着くと、水中にアマモがゆらめいているのが見えました。

「がんばってくれたんだ！」と感動するとともに、ずいぶん減ったなあという感じはいなめません。

株数を数えてみると行徳南が三六株、北が三五株で、どちらも少し減っていました。残念ですが、移植後すぐに大風が吹いたのですから、よく残っていたとほめてあげましょう。

アマモの生長を知る目安は株数です。アマモは地下茎を伸ばし、分枝して増えていきます。コンディションがよければどんどん分枝が進み、株数を増やしていきます。逆に状況が悪ければ現状維持か、株数を減らすことになります。

アマモの生長をモニタリング

浅い水深でのモニタリングであったために、当初は胴長で作業しようとしていたが、1株1株を数えるには、水面に顔をつけて、かつ腕を海底まで伸ばさなくてはならず、それでは不十分なことがわかる。そこで、各自でドライスーツを新調し、水深30センチ足らずの海面にプカプカ浮かんで、アマモの株を数えるなどのモニタリングを続けた。

ほかに、根の状態を見ても生長具合はわかります。アマモの根は生長するときに節をつくります。この節の間隔が広ければ生長が早く、狭ければ阻害要因があったと推測できます。草丈や葉幅、種をつける花枝（アマモの種がついている枝）、葉の色などもいろいろな情報を与えてくれます。

観察するのはアマモだけではありません。アマモの周辺にどんな生物が出現するのかも、重要な情報になります。

第一回目のモニタリングで、体長五センチほどのアミメハギが観察できました。アミメハギはアマモの葉をくわえて眠ることで知られる、アマモ場に依存している生物の代表格。移植して一カ月で、これまで三番瀬で見かけることがほとんどなかった生物が現われたのです。アマモ場とも言えない、小さな小さな群落です。アミメハギに聞きたいくらいです。

「あなたはどこから来て、どうしてここにアマモがあることがわかったのですか？」

アマモは水深の浅いところに植えましたが、どんなに潮が引いてもその海底は干出はしません。ですから、モニタリングをするためにはマスクをして水中に顔をつけなければ、何も見えません。

初回のモニタリングで、長靴、胴長といったこれまでの干潟観察スタイルではどうにもならないことがわかりました。

モニタリングをするためにはシュノーケリングをする準備が必要です。水着+ウエットスーツでも可能なのですが、体を濡らしてしまうと、シャワーや更衣室といった施設があるわけではないので、面倒なことになります。まして東京湾の最奥部ですから、冬は水温が五度くらいまで下がります。ウエットスーツで快適に潜れる時期はほんのわずかしかありません。これはもうドライスーツを買わなくてはならないということになりました。一四万〜二〇万円の投資になりますが、仕方ありません。これがなければモニタリングができないのです。

その後は、ドライスーツを着て干潟を歩き、シュノーケリングというよりは、ほとんど腹這いの状態でアマモを観察するというのが、私たちのモニタリングスタイルになりました。

アサリの稚貝がびっしり!〜2003年5月

五月のモニタリングはとても印象に残っています。

この日は、実験区へ移動する船上で、「海の色がおかしいね」という会話をしました。実験区

◉コラム

めざせ　三番瀬の自然再生！（その8）

6月×日　修学旅行の子どもたちをガイド

愛知県の三河湾に浮かぶ佐久島の中学生が、修学旅行で三番瀬にやってきました。全校生徒合わせても10人という島の中学校の3年生5人のうち、男子2名、それから担任の先生の3人です。ちなみに女子3名は三鷹のジブリ美術館を選んだそうですが、男子2名は、学校でアマモを増やす活動をしていることもあり、東京湾のアマモを見学したいと、来てくれました。

まず、三番瀬塩浜案内所で展示物の見学をしたあと、船に乗って三番瀬の天然のアマモ場を見に行きました。あまりに小さな群落だったのでびっくりしたかもしれません。でも、「こんな都会にもアマモが生えるんだ！」と、感動してくれました。その周辺でイシガニを上手に捕まえ、ハゼやフグの稚魚を手づかみしていました。うーん、さすが島の子。

その後、きれいな砂干潟の沖の大洲へ行きました。いきなりツバクロエイに遭遇したり、1メートルはあろうかというサメが出現したり、青いヒレがきれいなホウボウがあいさつに来たりと、私たちが10数年通っていてもなかなか見られない生物が次々と現われました。三番瀬の神様に気に入られたみたいだね。途中、アカエイにも歓迎を受け、周囲を囲まれたときはちょっとびびってしまったようですが、「佐久島でも見られないものが見られた」と、とても喜んでくれました。

付近で水質を計測すると、たしかにＤＯ（溶存酸素）値が低い。春の終わりにもう青潮が発生してしまったようです。

「酸素が極端に少ない青潮のなかで、生物、アマモはどれほど生き残っているのだろう」。ちょっと重たい気分でモニタリングを始めたのですが、水面に顔をつけると信じられない光景が見えました。

アマモの葉上ではたくさんのワレカラがダンスを踊っているし、三〇センチくらいのギンポがアマモに巻きついてゆらゆらしています。カニも何種類か見られました。アマモの葉には酸素の小さな泡がたくさんついていました。実験区の周辺ではメンバーが「おぉー」とか「うわー」とか「カメラ、カメラ」なんて奇声を発しています。メバルが、マゴチが、シバエビがいたと大騒ぎ。

青潮と言ってもいいくらい無酸素の水が覆っているはずなのに、アマモの周辺は逆に生物の影が濃い。これはどういうことなのでしょう？　生物たちはアマモ場のなかは酸素が豊富なことを知っていて、逃げ込んできているに違いありません。アマモは青潮から生き物の命を守るシェルターにもなるのです。

株数を数え、草丈を測って、いつものようにアマモの根元の砂をはらい、根の生長の様子を観察していた森田さんが、

「なんだ、これは！」

と驚きの声を上げました。みんないっせいに走り寄ります。水面に顔をつけてのぞき込むと、掘り返したアマモの根の周辺にアサリの稚貝がびっしりと、何層も段塚のように埋まっていました。そして、アマモの茎にはアサリが足糸《そくし》を伸ばしてくっついていました。

実は、アマモの実験をしているあたりはアサリの稚貝が湧く場所なのですが、波あたりが強いのか、大きくなる前にいなくなってしまうのが悩みの種だったのです。アサリたちは流されまいと必死でアマモにしがみついていたのでしょう。

つまり、アマモ場があれば稚貝たちはここにとどまれるのかもしれません。漁業者には評判の悪いアマモですが、こんな写真を見せれば、喜んでくれるに違いありません。

大発見です。

モニタリングも終了し、そろそろ引き上げようかという頃に、アマモの実験ポイントから少し離れたところで水中撮影をしていたメンバーの一人、宇井清彦が「ギンポが、二〇匹くらいい

る！」と叫んでいます。

何事かとかけつけると、宇井が干潟にささった三〇センチほどの短い竹を指さしています。

マスクをつけるのももどかしく、水中をのぞくと、竹の割れ目のなかから、縦一列に折り重なるようにギンポが顔を出しています。

なにがあったのでしょう？

その光景は圧巻でしたが、アマモ場にいたギンポに比べて、ちょっとかわいそうに見えました。

本来、ギンポはアマモやワカメなど藻場にいる生き物です。でも、アマモがない三番瀬では、こうやって割れた竹を住

アマモの茎にアサリの稚貝がビッシリ！

モニタリングのたびに、新たな発見が続々。5月には、アマモの根元にアサリの稚貝がビッシリとついているのを見つけた。稚貝が足糸を伸ばして根元にくっついているのだ。この海域では、アサリの稚貝が昔から湧くのだが、波あたりが強いためか、いつも流されてしまい、漁師たちがガッカリしていたので、この事態を知れば、アマモへの理解が進むのではとスタッフたちは喜んだ。

み処として生きていくしかないのでしょうし、それに適応できたこの二〇匹が三番瀬で生き残っているのでしょう。

　青潮も手伝って人口密度が高くなってしまったのかもしれません。生き物のたくましさには驚くばかりですが、アマモ場があればそこに住みたいに決まっています。いや、彼らは竹に仮住まいしながら、アマモ場ができるのを待っているのかもしれません。

　このような生き物たちの体をはった、命をかけた営みを拾い集めることでアマモ場の機能が解明され、その必要性も証明できるでしょう。三番瀬にアマモ場が欲しいのは、私たちではなかったのです。

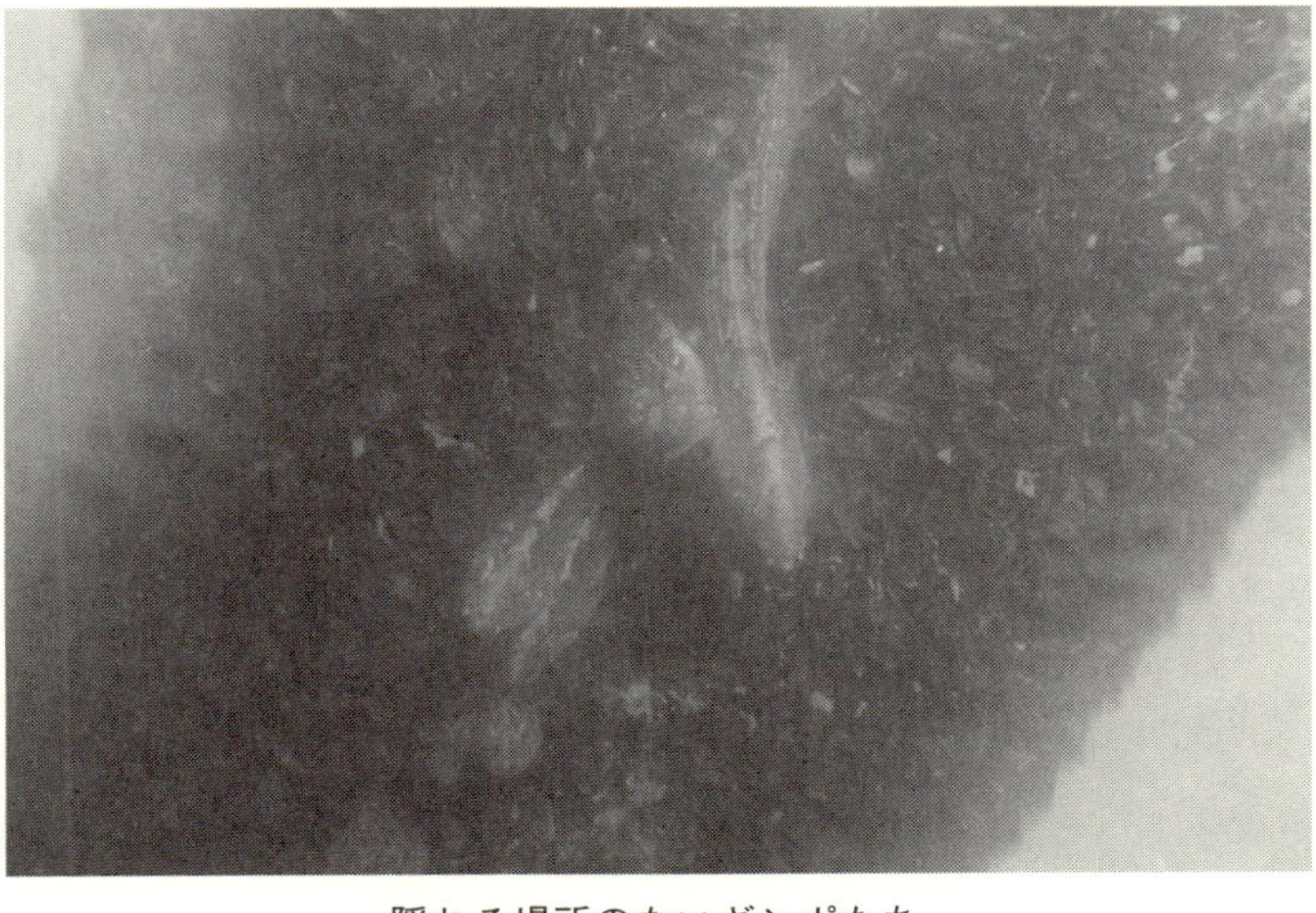

隠れる場所のないギンポたち

ギンポはうまい魚だが、「幻の江戸前天ぷらダネ」と言われるほど数が少ない。彼らが生息するアマモ場などの藻場が少なくなってしまったためだ。偶然見つけたギンポたちは、行くあてもないのだろう、わずかな杭のすき間にビッシリと隠れていた。アマモ場が増えれば、彼らの住み処も確保されるはずだ。

生き物たちが渇望しているのです。アマモ場をつくろう、必ずつくろう。その光景を見た私たちは決意を新たにしました。

アマモ場の適地は?~2003年6月、7月

六月、七月とアマモは順調に増えていきました。

行徳北は五〇株からスタートし、いったんは三四株まで数を減らしましたが、その後六六株、一二五株、一八七株と増え、さすがに七月に入るとペースは落ちましたが、七月の終わりには二一二株に増えていました。

行徳南は一三九株になりました。

一方、二〇〇株を移植した船橋は最初の一カ月で七五株に減りましたが、その後は順調に増えて、六月終わりに一六七株になりました。しかし、七月に入ると少し株を減らし、七月終わりには一三〇株になってしまいました。

怖いほど順調に実験が進み、モニタリングデータがそろってきました。集計をしながら、成果

をまとめ、私たちは三つの実験区の違いを検討しはじめました。

当初の目標の、移植したアマモが一定時期生長し、株を増やしていったことは確認できました。栄養株が成熟して生殖株となり、花枝を形成し種子をつけることも確認できました。実験は成功したと言えそうです。

しかし、データをていねいに見ていくと、三つの実験区の違いが見えてきます。

まずは水深の違いです。アマモの生長には水中光量が大きな要因になります。三番瀬では春から夏にかけて赤潮が発生し、透明度が著しく落ちることが予測できます。水深はできるだけ浅いほうがよ

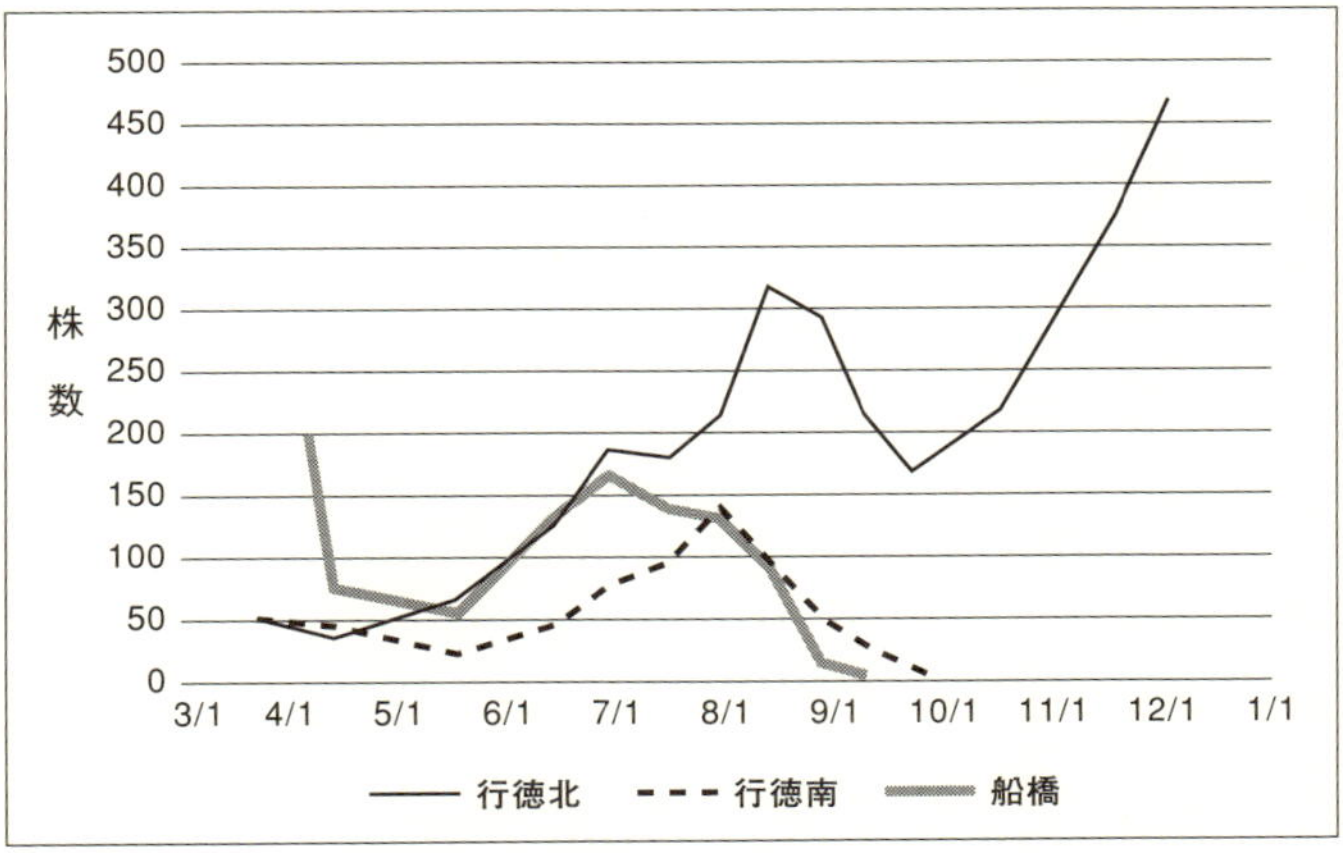

3ポイントでの実験を通してわかったこと

移植した3ポイントは、実験のためにあえて環境が異なるところを選んだ。その甲斐あって、モニタリングをしながら、徐々にどの環境がアマモにとって最も適地なのかがわかってきた。3ポイントのなかでは行徳北のポイントが最も生育がいいのだ。低い水温と一定の透明度、そして波風を避けられる地形が功を奏したようだ（グラフは2003年12月時点）。

いと考えました。しかしアマモは乾燥に弱く、干出するようなことがあると枯れてしまうので、ぎりぎり干出しないところと考えて行徳南と船橋の実験区はマイナス五センチで設定しました。しかし、浅い所は波風の影響を受けやすいことになります。これを考慮して、沖側に多少風よけとなるようなマウンドのある地形を利用して、少し深めのマイナス三〇センチのところに行徳北という実験区を設定しました。この二五センチの差が後にものを言います。

いちばんの違いは水温です。一日で三カ所のモニタリングをするので、まったく同じ条件での測定ではありませんが、三つの実験区でそれぞれ水温が違います。行徳南と行徳北は距離にして五〇メートルも離れていません。それでも行徳北のほうが低めという傾向が見えます。モニタリングは水面に顔をつけてシュノーケリングをしながら行なっていますが、調査に参加したほとんどのメンバーが、行徳北には冷たい強い流れがあることを体感していました。おそらく地形との関係、水路との関係で沖から水温が低めの水が入ってくるのでしょう。

一方、船橋は、行徳側と比べるといつも高めで最大で三度違うときもありました。これも地形によるものだと予測がつきます。船橋は行徳に比べて広い干潟が出ます。そのなかの一点、水深のちょうどいいところを実験区としましたので、行徳に比べると干出する時間が長く、水温が上昇しやすいのです。しかも、周囲に風よけになるような地形もなく、冷たい水を導入する水路もありませんでした。

三番瀬とひとくちに言ってしまいますが、水温ひとつとっても、これだけ条件が違うのです。つまり、「三番瀬では無理」と一概には言えない、アマモの生育に適したよい環境が見つかれば、広大なアマモ場をつくることも夢ではないということになります。

さらにアマモの生長と風や水温などの気象条件を重ね合わせてみると、いろいろなことがわかります。移植直後に風速二五メートルを超す台風のような風が吹いています。これでは移植したてのアマモはたまったものではありません。もっと静穏なときに植えていれば株の活着の確率は高くなるでしょう。つまり、移植に適した時期があるということです。また、六月に一度、水温が二六度を超すような暑い日がありましたが、この直後のモニタリングで、船橋のアマモが株を減らすということがありました。

私たちはデータの付き合わせをしながら、眠れぬ夜をすごしていました。アマモをとおして、いろいろなことがわかってきます。興味深くて、この先どんな展開になるのかを考えていました。そして、実験の手ごたえも感じていました。

当初は七月いっぱいでアマモが消滅するだろうから、それまでにできるだけたくさんのデータをとろうと計画していました。実はモニタリングの日程も七月までしか決めていませんでした。

ところが、まだまだアマモは増える勢いです。急遽八月、九月も予定を組みました。それにしても秋以降は、昼間に潮が引かなくなります。これまでのような大潮の干潮時に船を出し、歩いて実験区まで行ってモニタリングということができなくなります。本当にそんな時期まで残るのでしょうか。

冷夏に救われたアマモ～2003年8月

一年で最も暑くなり、台風の影響で波風が強くなる八月がひとつの正念場だろうと、考えていました。ところがこの年の夏は肌寒い日が続きます。一〇年ぶりの冷夏ということで、行徳北で三一七株とさらに株を増やし、南が一三九株、船橋が一三〇株と横ばい状態です。

秋に入ると、もはや昼間に干潟が干出することもなく、歩いてモニタリングすることができなくなりました。これ以降は、逆に潮が満ちている日時を選び、スキューバダイビングによるモニタリングを行なうようになりました。

播種と苗移植にも挑戦～2003年12月から2004年2月

二〇〇三年一二月から翌年の春にかけて、私たちはモニタリングと並行しながら、新たな再生実験を開始しました。アマモの種を三番瀬の海域にまき（播種）、あるいは、種から育てた苗を三番瀬に移植したのです。

その準備は、二〇〇三年六月から行なっていました。

六月三日、富津のアマモ場から花枝を一二〇〇本採取。それを市川市三番瀬塩浜案内所の大きな水槽へ入れ、アマモの種を取り出すために種子の熟成を待ちました。アマモの種は熟すと花枝から放出され、水槽の底にたまります。

六月二八日、市民の方にも声をかけて、落下した種子を泥ごとすくい、そのなかから種子を選別して拾い出しました。拾い出した種子は成熟したものと未成熟のものに選別後、さらに新たな水槽内で保管します。

アマモ場の再生実験の現場は、三番瀬の沖合にあり、船で行かなければなりませんし、それを見るためには（時期にもよりますが）ドライスーツなどを着込まなければならず、一般の市民にその状況を知らせることはなかなか簡単なことではありません。そうなると、アマモ場再生の必要性を伝えることもままなりません。

そこで、七月一三日の案内所プレオープンの日や、一〇月五日に盛大に開催された三番瀬まつりなどで、この保管したアマモの種まきを案内所で行なうことにしました。

子どもたちに参加してもらい、採取した種子を苗床にまくというイベントです。ただ、「種まき」と言っても、種を手でまくわけではなくパレットに腐葉土や海砂からなる土を敷いて、海水を入れた苗床に、ピンセットで種を埋め込んでいくと言ったほうが正確でしょう。

それでも、この種がうまく苗まで育てば、三番瀬の海域に移植し、やがてはアマモ場として生長するかもしれないこと

今度は、種まきと育苗！

苗を採取し、移植する実験を行ないながら、採取したアマモの花枝から種を取り出し、それをまいたり、さらに苗まで育てて植える実験を開始した。写真は、6月3日、富津で花枝を採取したところだ。

を伝えると、子どもたちは大喜びで作業してくれました。

一二月、アマモの種まきにちょうどよい季節が訪れました。

一二日には、森田さんの指導のもとに案内所で播種の準備を行ないました。種をそのまま海域にまいても、海底にうまく種が入り込むことはありません。種の流出を防ぐために森田さんが開発した「コロイダルシリカ法」を採用しました。

実際の播種は一五日と二二日の深夜に行ないました。一五日は潜水作業で種をまき、二二日は夜間干潟散策会の一環として実施しました。

ただし、長靴ではポイントまで到達す

アマモ種まきイベント

採取した花枝から熟成させた種を選別したあと、その種を苗床に「種まき」するイベントを行なった。海域で行なう実験のためになかなか身近に示せないアマモ場再生実験を、一般の方にも理解いただこうという趣旨だ。子どもたちに、この作業がやがては三番瀬のアマモ場再生につながることを伝えながら作業方法を教えると、みな、目を輝かせながら「種まき」をしていた。

ることもできず、胴長を着用している人も水深があり、播種そのものに参加することはできませんでした。ドライスーツを着込んだスタッフたちが、水温五度程度の海面に顔をつけ、素手で海底の砂を掘り、種を埋め込んでいったのです。

翌二〇〇四年一月二〇日、今度は案内所で育てた苗を海域に移植しました。海域への移植に耐えられるほどにアマモは生長していました。この苗を、粘土結着法という三月の移植でも使用した技術を用いて移植をしました。その後、まいた種と植えた苗について、二週間に一回の割合でモニタリングを実施しました。

深夜の海での播種

12月22日夜間の干潟散策会でアマモの種の播種を同時に実施した。当日は参加者21名で夜間の干潟を散策し、同時進行で播種作業の準備をし、苗の移植ではなくコロイダルシリカ法を用いて種を砂中に埋める播種を行なった。実験区画を設置し、あらかじめ準備しておいた播種用の袋から砂中に種をまく。森田健二さんが「夜に播種をするのははじめて」とコメント。

検見川浜での実証実験〜2004年3月

アマモの実証実験でいろいろなデータを得た私たちは、三番瀬以外の東京湾奥でも適地を選べば、一年生のアマモの生育は可能だろうと予測を立てていました。これに興味を示してくれたのが、国土交通省関東地方整備局の千葉港湾事務所でした。同事務所はこれまでの自然破壊型の港づくりを負の遺産ととらえ、港と自然が共生できる道をさぐっていました。

三番瀬での実験が一年を経過しようとする二〇〇四年三月、私たちは千葉ポートパークにある人工干潟でのアマモの実証実験を提案しました。

千葉ポートパークでは同事務所が、夏休みに干潟観察会を主催していて、私たちも参加している「東京湾干潟保全再生フォーラム千葉」というNPOが、毎年ガイドを務めていました。埋立地の先に人工的につくられた干潟ですが、年月を経て、それなりに生物が戻ってきています。広さはありませんが三番瀬と比べても遜色ないほど多種類の生物が観察できます。ここにアマモ場があれば、さらに豊かな干潟となるでしょう。

しかし、千葉港湾事務所には快諾してもらったのですが、管理する千葉市からは許可が出ませんでした。代わりに検見川の浜での実験が許可されました。ある程度地形などを把握しているポートパークのほうが実験を組み立てやすかったのですが、検見川浜も人工の干潟で、その再生に一役買えるのであればうれしいことです。よろこんで実験をさせてもらうことになりました。

アマモを移植する前に、まず実験するポイントを決めなければなりません。三番瀬での実験の経験から、アマモ生育の適地を選ぶことが実験の結果を大きく左右することがわかっています。大潮まわりの最干潮時に調査日時を設定し、現地を歩いて地形と水流を調査し、水深を計測し、周辺の海藻や底生生物などの生息状況を目視で観察して、周辺の環境をできるかぎり把握しました。そして、検見川浜の中央に設置されている、砂の流出を抑えるための突堤が波よけになると思われる位置に、水深を変えて三つの実験区を選定しました。

また、検見川浜は市民が気軽に海にふれられる場所で、休日の干潮時はたくさんの人が潮干狩りなどを楽しんでいます。近年生物が増え、漁業権のない海域でもあり、元漁師らが鋤簾《じょれん》などの漁具を使ってアサリ、バカガイなどの二枚貝をとっています。また、堤防からの投げ釣り、カイトサーフィンなど海のレジャーを楽しむ人もいるので、人の活動を考慮する必要もありました。

本来ならば、条件を変えて何度か現地を訪れ、水深や周辺環境を十分把握すべきなのですが、日程がとれず、一度の調査で実験区を決めざるを得なかったため、結局実験区の水深に問題が出

◉コラム

めざせ　三番瀬の自然再生！（その9）

6月×日　海の見学会で三番瀬の魅力と課題をガイド

市川市主催の「海の見学会」が開催されました。私たちはガイドとして同行し、三番瀬のすばらしさや生物の豊かさを伝えます。

この日は船に乗って沖へ出て、行徳側の干潟2カ所に上陸しました。気温30度を超す真夏日で、干潟の上も暑い暑い。生き物たちも疲れ気味で、魚たちは水温が安定している深みに逃げ込んだようです。それでもマテガイやアサリ、ゴカイの卵塊、マメコブシガニなどいろいろな生物が見られて、参加した方たちも楽しんでくれました。観察のあと案内所を見学してもらいました。タッチプールで、今見てきた生物のおさらいをしたり、展示パネルで三番瀬の現状を説明したり、NPO三番瀬の取り組みも説明させてもらいました。

てしまいました。

実験区Aは一年のうちで最も大きく潮が引く五月の大潮のときには干出してしまったのです。また、中央部の突堤が波よけになると考えて実験区を選んだのですが、思いのほか効果がなく、とくに南からの風・波はほとんど防ぐことができませんでした。この影響で、移植を行なった春は常に強風にさらされ、株の流出が多かったのです。また、風・波の影響で砂面が動き、実験中は常に地形が安定していませんでした。私たちは人工干潟での実験の難しさを改めて感じていました。

三月、四月、五月と三回の移植を行ないましたが、いずれも移植後に毎秒二〇メートルを超える強風が吹いて、風・波による消失が見られました。浜の構造上、南から風が吹くと遮るものがないので、強い南風が吹きやすい春の移植は避けるなど、時期の検討も必要だということがわかりました。そして、前年と違い暑い夏となり、七月までにアマモはすべて消滅してしまいました。

自然再生と人的なインパクト

検見川浜の実験地は、市民が海とふれあえるよう造成された人工海浜で、千葉市によってアサリの放流が行なわれており、干潮時にはたくさんの人が訪れて潮干狩りなど海辺のレクリエーションを楽しんでいます。そのため、予想をはるかに超える人の活動による影響が出てきてしまいました。

移植一〇日後には実験地を示すロープにギャング針がいくつもひっかかっていました。おそらく釣り針にひっかかってしまったのでしょう、アマモの株は著しく減少してしまいました。釣り人に対処するため、ブイを設置して実験区を囲ったり、釣りインストラクターの協力を得て、実験区付近での釣りを遠慮してもらうよう呼びかけたりしたのですが、私たちが作業をする潮まわり、時間だけでは十分でなく、ほとんど効果はありませんでした。刺し網漁の船が実験区付近に網を入れるのがたびたび目撃され、仕掛けた網の影響で株が抜けたり、葉が切れるということもありました。

こうした人の活動による影響への対処として、潮干狩りなどで浜を利用している人たちに、実験について説明し、実験区内のアマモの保全をお願いしました。

直接話ができた人たちからは理解を得られ、知らずに実験区に近づく人たちを制してくれたり、刺し網船の情報などを教えてくれるなど、一緒にアマモを見守ってくれるようになりました。また、この実験を聞きつけた地元の住民から、アマモとその周辺の生物の観察会を依頼されるなど、関心をもってくれる人も多く、機会があれば実験に参加したいという申し出もあり、とても心強く思いました。

簡単に海にふれられる検見川浜のようなところでは、地域の人たちの生活に海が密着していて利用頻度が高く、こういった実験を維持していくのはなかなか難しいと感じました。しかし、ここを利用する人たちは地域の海を愛し、より豊かに再生されることを望んでもいて、きちんとした広報ができれば自然再生へ向けた実験と共存していくことは可能だろうなとも思いました。むしろ、こうした日常的に海とふれあっている人たちの協力なしには、実験を継続していけないと実感できたのはいい経験でした。

ようやく育った一六〇〇株が消滅〜2004年4月

四月五日。

やっと昼間潮が引くようになりました。久しぶりにシュノーケリングでのモニタリングが可能になりました。

行徳北は、二月終わりの段階で九四六株まで増えていましたから、当然一〇〇〇の大台にのる

◉コラム

めざせ　三番瀬の自然再生！（その10）

7月×日　三番瀬レンジャーが続々誕生！

この日は、三番瀬レンジャー講座を開催しました。女性4人を含む11人が受講して、三番瀬の基礎知識、三番瀬問題の歴史、干潟の生物などについて学びました。

三番瀬レンジャー講座は、三番瀬の基礎的な知識を身につけて、三番瀬レンジャーとして市民自らが再生の担い手として活動できるように2002年3月よりスタートしたものです。これまでに150名以上を三番瀬レンジャーとして認定し、海域での調査や自然再生の実験、干潟ガイド、三番瀬案内所でのガイドなどで活躍しています。

今回の講座では、先輩レンジャーたちが活動の紹介をプレゼンテーションするというコマを設けました。具体的な活動の中身を理解してもらえたと思います。早く三番瀬で活躍してくださいね（写真は、三番瀬レンジャー講座における干潟での実習の様子）。

のだろうなと考えていました。かなり離れたところからでもアマモの群落がわかります。水面から盛り上がるように緑色の葉っぱが見えています。草丈がずいぶん長くなったのでしょう。水面に顔をつけると、かなりアマモが密生していて、向こう側が見えないくらいになっていました。

予想を超えてなんと一六四七本まで増えていました。春先のアマモの生長には目を見張るものがあります。行徳北はアマモ場といっても恥ずかしくないくらいの数になっていました。葉幅も広く、草丈も長く、青々と光っています。なんと花枝もつけているではありませんか。このアマモたちが三番瀬一世です。これから種を残し、二世、三世と命をつないでいくのだろうなあと、感慨深く思いました。冷夏という、天が味方をしてくれたとはいえ、この場所がアマモの生育に適した場所であることはよくわかりました。

うれしいのはうれしいのですが、心配事が増えてしまいました。

さて、どうしたら漁業者たちに納得してもらい、もう一年このアマモを見ていくことができるのでしょうか。この場所を徹底的に調べて、三番瀬のアマモの適地をより明確にしたい、アマモ場があることでどのくらい出現生物が増えたのかも調べてみたい。どこまでこのアマモたちが三番瀬で生長できるのか見届けたい。とにかく、漁協と話し合いをしなければなりません。

なかなか話し合いに応じようとしない組合長に、なんとかアポイントをとり、小埜尾と町田が話し合いに行きました。組合側からは「組合員のなかにはいろいろな考えの人がいるので、組合として実験をOKするわけにはいかない」と言われました。ノリ漁師に配慮しての言葉だと思います。

ノリは四月で終わり、一〇月まではノリ網を沖に展開することはありません。「せっかく夏を越し、残ったアマモをもう少し見させてくれないだろうか」とお願いしました。「ノリの時期になったらぜんぶ掘り出して、ほかの場所へ移植してもかまわないから」と、必死にお願いしました。しかし、組合側は実験を続けていいとも今すぐ撤去しろと言うわけでもなく、どうにも話がかみ合わないまま終わってしまいました。

最後に、南行徳の組合の理事が、「町田さんたちの実験は成功したよ。みんなわかっているから。今はこれで納得してくれよ」と言ったのが、妙に印象に残りました。

なんとも気持ちが晴れないまま、次のモニタリングの予定日がきてしまいました。一六〇〇本まで増えたのですから、二週間で二〇〇〇本を超えているかもしれません。さて、どう数えたものかなどと話しながら実験区に向かいました。

ところが、実験区を示すために立ててあった竹ざおが見あたりません。いちおう潜水してモニタリングができるよう、タンクの用意はしていましたが、とりあえず、マスクとシュノーケリングだけつかんで、実験区のあったあたりに走っていきました。

でも、ありません。

どんなに探してもアマモが見あたりません。

春先はアマモのいちばんの生長期です。前回のモニタリングから、一六〇〇株のアマモがいきなり消滅してしまうような強い風は吹いていないはず。まして自然の力で竹ざおが抜けてなくなるなどとはきわめて考えにくいことです。もちろん青潮も、高水温もなかった……。

実験区を勘違いしている?

アサリの巻《ま》き籠《かご》が通ったか?

密漁者が腰巻きをやった?

それだってこんなに跡形もなくきれいになくなることはないでしょう。

アマモが消滅する理由をいろいろと思い浮かべては否定し、思い浮かべては否定して……。事実はたったひとつ、一六〇〇株のアマモが消滅したということだけ。そして、たぶん自然に抜けたのではなく、人為的な力が働いたのだろうと、そう納得する以外にはありませんでした。こんなかたちで実験が終わるのは非常に不本意ではありましたが、やはりいろいろな人の理解や協力を得られなければ、自然再生はなし得ないと身をもって知った瞬間でした。

　大切に見守ってきたアマモが消滅してしまったのは、非常に残念でしたが、この日はたくさんの収穫がありました。実験区の延長線上に、二〇〇本くらいのアマモのパッチができていました。やはりこのラインはアマモ生育の適地であることは間違いないようです。種と株の供給ができれば、大きなアマモ場をつくることも夢ではないでしょう。

　それからもうひとつ、三番瀬にわずかに残る天然のアマモ場の周辺にも、三カ所のアマモの群落が見つかりました。このラインもかなり可能性はあるようです。

育ったアマモはどこへ……？

50株から1647株へ大きく育った行徳北のアマモ場が忽然と姿を消した。アマモの周囲に張りめぐらしたノリヒビの杭（写真中、旗をつけている2本を含む4本）は、台風でも流されることがなかったが、その杭もどこにも見あたらない。この間、大きな気象変化はなく、人為的な行為によってアマモがなくなったと考えざるを得ない。残念な結果になったが、これからの自然再生を考えるうえで貴重な教訓ともなった（写真は、まだアマモが育っていた頃のモニタリングの様子）。

三番瀬の神様が、がっかりしていた私たちに、次はここがどんな条件なのか調べてみよと、新たな課題を与えてくれたと、そう前向きにとらえようと思います。

いずれにせよ、はじめての自然再生の実験は大成功し、たくさんの成果を得ることができたのです。

第四章　海辺の自然再生を

～日本の海辺の現状と再生すべき理由

ふれられない海〜三番瀬の直立護岸で

日本の海岸線の多くは、もはや自然のものではない。写真は、三番瀬の海辺(市川市塩浜地区)。このような直立護岸では、子どもたちは海に入れないばかりか、海水にふれることすらできない。海は、街から遠い存在となってしまった。海辺の生物にとっても、こうした護岸では生息しづらく、生態系に大きなダメージを与えている。海辺の自然再生が求められている理由のひとつは、ここにある。

日本の海辺の今〜なぜ「自然再生」か

在りし日の海辺

……五月一七日の晩で、二人は沖へ魚を「踏み」に来たのであった。汐が大きく退く満月の前後には、浦粕の海は磯から一里近い遠くまで干潟になる。水のあるところでも、足のくるぶしの上三寸か五寸くらいしかない。そこで、馴れた漁師や船頭たちは魚を踏みにゆくのであるが、その方法は、――月の明るい光をあびながら、水のなかを歩いていて、「これは」と思うところで立停まり、やおら踵をあげて爪先立ちになる。すると足の下に影ができるので、魚がはいって来る。筆者もこころみたことがあるが、魚のはいってくることは慥かで、――はいって来たあと、呼吸を計って、それまで爪先立ちになっていた踵をおろしざまその魚を「踏み」つけ、かねて用意の女串で突き刺す、というぐあいにやるのであった。捕れるのは鰈が多く、あいなめとか、夏になるとわたり蟹なども捕れるが、蟹の場合はべつに心得があった。……

これは、山本周五郎『あおべか物語』の一節です。周五郎は、一九二六（大正一五）年から一九二九（昭和四）年までの三年間を千葉県浦安町ですごし、町の風情や伝聞、体験をモチーフに『あおべか物語』を書きました。ちなみに「あおべか」とは、主人公が買った安物で青く塗られたべか舟のこと。

浦安町は現在、浦安市となり、干潟は埋め立てられ、その一部には東京ディズニーランドがあります。

本書で紹介している三番瀬は、周五郎が歩いたであろう干潟の東隣となる干潟・浅瀬です。第二章で紹介した「三番瀬　海辺のふるさと再生計画」という報告書では、周五郎の一節のような話がたくさん出てきています。

行徳（市川市）の海辺では、「なでこ」という子どもたちの遊びがありました。これは、干潟を素足で歩きながら、カレイなどを踏んで素手で捕まえたりするもの。おそらく、干潟をなでるようにしながら魚などを捕まえることから「なでこ」と呼ばれていたのでしょう。また、「遊び」と言っても、とれた魚介類は家族にとって大切な食料。なにもとれずに家に帰れば、「泥だらけになったのに、なにもとれなかったのか！」と叱られたそうです。

子どもたちは仲間と干潟へ出かけます。海へ向かって続く道は、子どもの背丈よりも高いヨシに囲まれた細い道。

そうしたヨシ原にはちょっとした水路がたくさんあります。水路の脇ではトビハゼがピョンピョン跳ねていたり、チゴガニがダンスをしていたり、コメツキガニがケンカをしていたり。ヨシのなかではクロベンケイガニやアシハラガニがゴソゴソ動いています。

子どもたちが探検気分でヨシ原を抜けると、ようやく目の前に広大な干潟が現われてきました。冬には、沖で養殖しているノリの切れ端が海岸へ流れつくのでそれを拾い、暖かい季節には干潟を歩き、砂のなかに隠れているアカエイに刺されないように気をつけながら、シャコやカ

在りし日の海辺

写真は、東京湾アクアラインの眼下に広がる小櫃川河口・盤洲干潟（千葉県木更津市）。東京湾に残る数少ない原風景を維持した海辺だ。陸から海へ向かうには、延々と続くヨシ原を抜けなくてはいけない。所どころに水路や池があり、泥の干潟もある。ヨシ原を抜けると、広大な砂の干潟が広がる。とくに太平洋側で見られる典型的な海辺の姿のひとつが、ここには残っている。

ニ、ハゼなどを捕まえていました。

　かつての日本の海辺は、内湾で潮の干満差が大きいところでは、こうした砂や泥からなる干潟が広がっていました。淡水と土砂と陸からの栄養分が流れ込む河口は、汽水域と呼ばれ、さまざまな生物が集う場でした。外洋では、白砂青松と呼ばれる美しい砂浜や、荒々しい岩がむき出しとなった磯（岩礁）が続く海岸が続いていました。南へ行けば、河口の浅瀬にはマングローブが群生し、海岸にはサンゴ礁が広がっていました。

　現在では、こうした海辺を見ることがなかなかできなくなっています。ここで

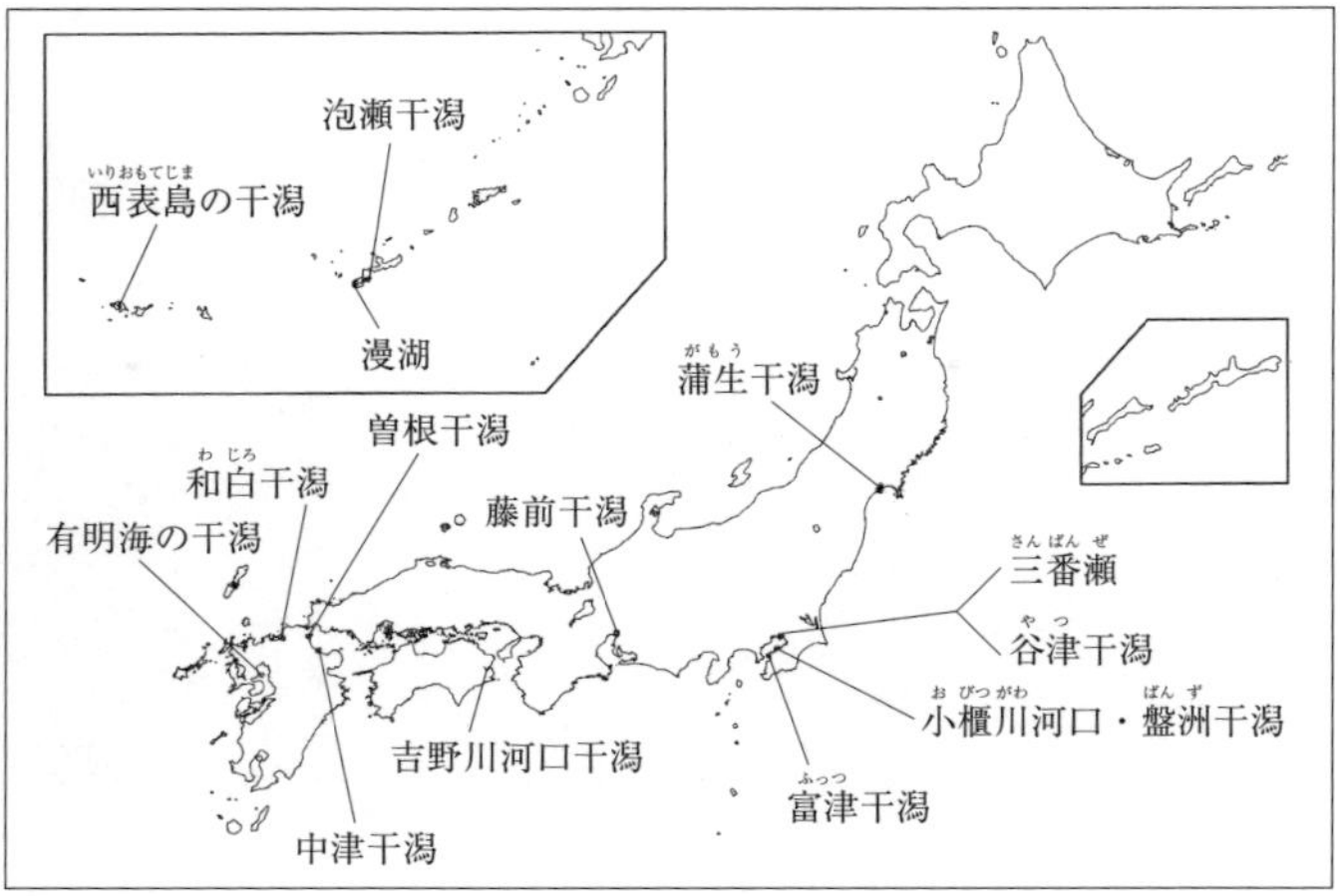

各地に残る主な干潟・浅瀬

主に本書で紹介する干潟・浅瀬の分布を示す。干潟は、内湾や河口、静穏な海域で発達する。干満差が大きいところにできるので、日本海側よりも太平洋側により多く分布する。干潟の総数を示すことは難しいが、環境省が2002年度から実施している全国干潟調査では、全国145カ所の干潟がピックアップされている。

重要なことは、これらの風景が遠い昔のものだというわけではないことです。

たとえば、前述の聞き取り調査で私たちにかつての海辺について話してくださった方のなかには四〇代の方もいました。わずか三〇年から四〇年前には当たり前にあった景色なのです。

海辺の消失

広大な干潟や青松白浜、入り組んだ岩礁。現在、こうした海辺を見ることが難しくなってきたのは、海辺の自然環境の荒廃が進んでいるからにほかなりません。

「緑の国政調査」と呼ばれる環境省の「自然環境保全基礎調査」では、日本本

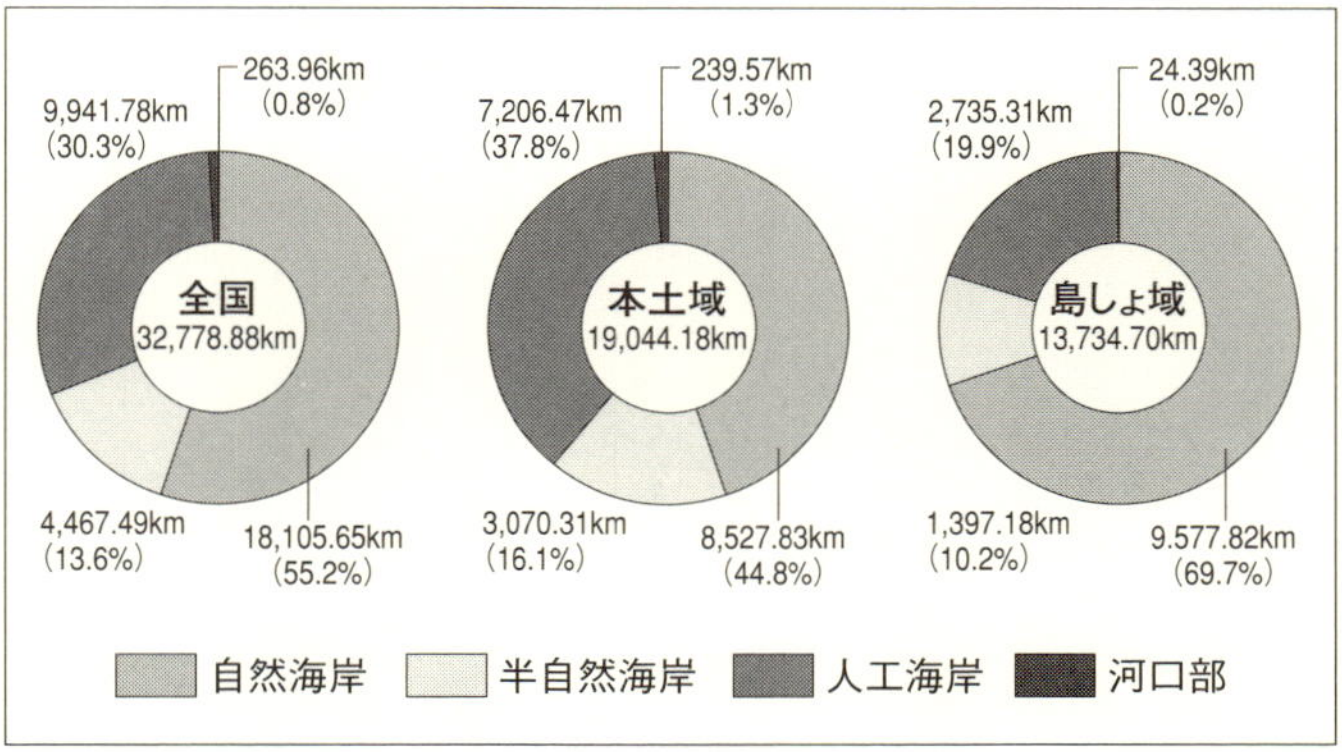

海岸区分の割合

日本の海岸の総延長は約3万3000キロメートルあるが、自然海岸はそのうち55.2%にすぎない。本土のみの海岸線となるとさらにその率は低くなり、自然海岸はわずか44.8%。自然海岸の減少が深刻な問題であることがわかる。(出典:『環境白書　2003年度版』)

土の海岸のうち、自然海岸がどの程度残っているのかを明らかにしています。

それによれば、自然の海岸は年々減少し、本土の海岸線約一万九〇〇〇キロメートルのうち、わずか約八五〇〇キロメートルにすぎません。三七・八パーセントが「人工海岸」、一六・一パーセントが「半自然海岸」となっており、「自然海岸」はすでに全体の四四・八パーセントと、実に、本土の海岸線の半分にも満たないのです（第四回自然環境保全基礎調査）。

生物多様性の宝庫である干潟や藻場の減少も進んでいます。

全国の干潟の四〇パーセントがこの半世紀の間に失われてしまいました。現在、全国に

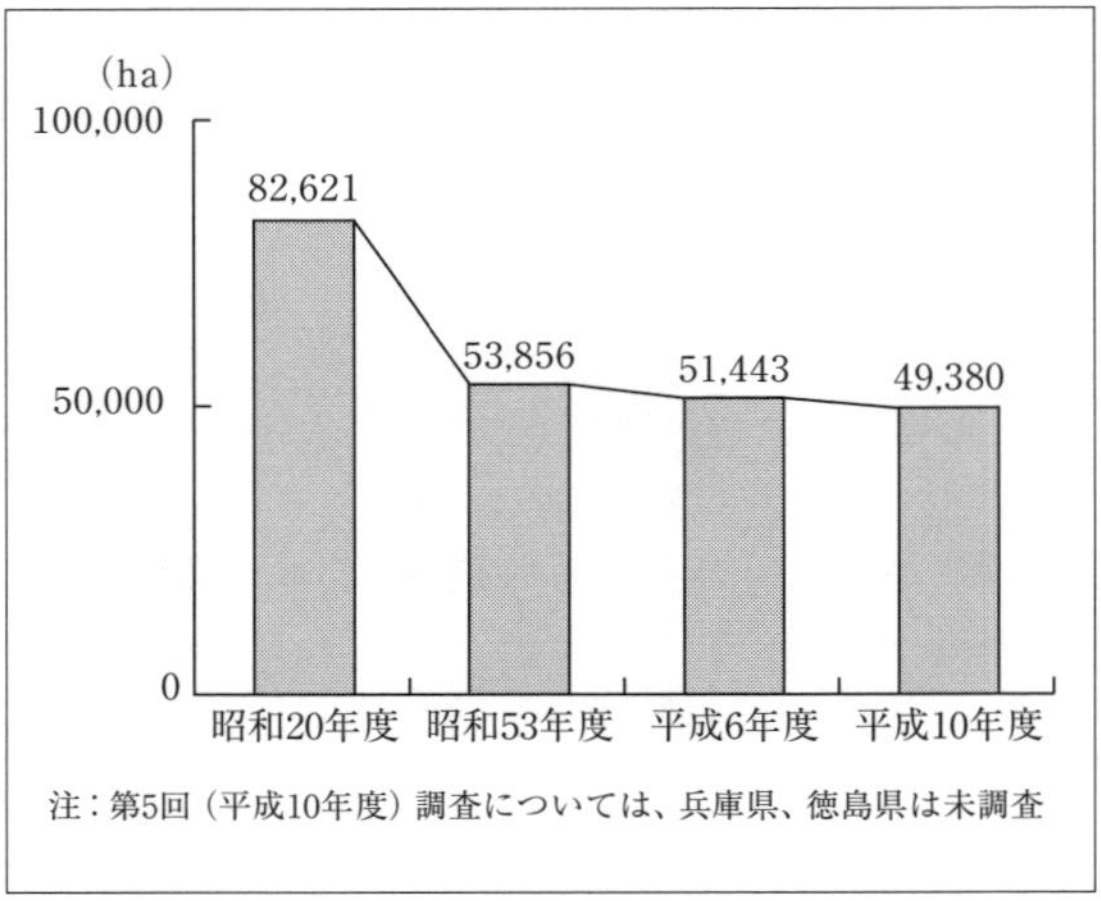

注：第5回（平成10年度）調査については、兵庫県、徳島県は未調査

干潟の減少

高度経済成長の時代に干潟が急激に減少していることがわかる。（出典：『環境白書　2004年度版）』

干潟は約四万九〇〇〇ヘクタールあることが確認されていますが（兵庫県・徳島県をのぞく。以下同じ）、最近になって約一九〇〇ヘクタールの干潟が消滅しています。とくに国内の干潟の約四割を占める有明海では、一九九五年の諫早湾干拓を主な原因として三〇〇ヘクタール以上もの干潟が消滅しています。

藻場は、全国で約一四万二〇〇〇ヘクタールあると言われています。藻場とは、ワカメやコンブなどの海藻やアマモなどの海草の群落のことです。この藻場も減少しており、その原因は埋め立てや磯焼けなどです。

全国の海域のなかでも、干潟や藻場の減少傾向について東京湾はトップクラスと言えます。明治後期には一三六平方キロメートルの干潟がありましたが、一九八三年の時点ではわずか一〇平方キロメートルにすぎないという報告が出されています（環境庁水質保全局「かけがえのない東京湾を次世代に引き継ぐために」一九九〇年）。つまり、九〇パーセント以上の干潟が消失してしまったことになるのです。

何を失ったのか

こうした海辺の自然消失は、当然のことながら生態系の破壊につながります。

海辺は、陸と海が出合う場であり、「生命のゆりかご」と言われています。魚介類の産卵場であり、小さな生物の住み処であり、大きな生物にとっては小さい頃の育ちの場です。こうした場が失われていけば、海辺の生態系の破壊ばかりではなく、海域全体の生態系にもはかりしれない影響を与えることになるのです。

河川などを通じて海域に流入してくるリンやチッ素などの栄養塩により、海辺ではプランクトンが大発生します。海辺で一定のバランスを保ちながら数多くの生物が生息していれば、こうしたプランクトンはほかの生物の餌となり消費されるので、水質が悪化することはありません。しかし、海辺が自然海岸から直立護岸に改変され、干潟がなくなれば、これらの生物は少なくなり、大量発生したプランクトンは「富栄養化」を引き起こし、水質は悪化してしまいます。さらに、大量の死滅したプランクトンにより海底に貧酸素水塊が形成され、深刻な生物被害を招く「青潮」の原因となります。

重金属や石油など有害物質による水質汚濁については、高度経済成長の頃に問題化し、東京湾でも魚介類が油臭くなるなど、「死の海」だと言われた時期がありました。現在では、水質規制の法令、条例が整備され、その頃のような劣悪な状況は脱したと言えます。ただし、工場から海域への排水の水質データが改竄される事件が起きています。あるいは有機スズに起因して巻き貝などが生殖異常を起こす「環境ホルモン」（内分泌攪乱物質）の問題もあります。本書では、水質問題そのものは主要テーマとしては扱いませんが、水質規制は引きつづき取り組むべき重要な課題です。

また、船舶のバラスト水や潮干狩り用にまく貝類に混じって、海辺でも外来種が増えていることも見すごせません。近年、宮城県など各地で外来種の巻き貝「サキグロタマツメタ」による被害が拡大しています。中国や朝鮮半島から輸入されるアサリに混じって海辺に放たれたサキグロタマツメタがアサリを食べてしまい、東名浜（宮城県）では三年間にわたって潮干狩り場が閉鎖に追い込まれるなど、被害が深刻化しています。

船舶の航行量が世界最大級の東京湾は、船舶のバラスト水に混じってさまざまな地域からさまざまな種類の外来種が侵入してきており、さながら「外来種のデパート」です。ムラサキイガイ、ホンビノスガイ、チチュウカイミドリガニ、イッカククモガニなどが、もはや駆除が不可能なほどに生息しています。これら外来種が在来の生物にどのような影響を与えるかについてはまだはっきりとわかっていませんが、在来種が生息しづらくなっていることはたしかでしょう。

海辺は「無法地帯」へ

海の生態系の破壊は、私たち人間の生活へも大きな影響をもたらしました。

まず漁業の衰退があげられます。沿岸域での漁業はかつての勢いを失っています。高度経済成長期には、海辺の埋め立てにより漁業補償と引き換えに海を去る漁業者が数多く出ました。あるいは水質悪化などにより水揚量が減り、操業をあきらめる漁業者もいます。沿岸漁業の生産量は年間一四七万トン（二〇〇五年）。一〇年前と比べても、二〇パーセントも減少しています。漁業者の数も減り、高齢化も進んでいます。

同時に、海が日常の生活のなかから遠ざかっています。

冒頭の例が示すように、かつての日本の海辺ではどこでも人々の営みが見られました。人々が育んできた自然でした。自然を荒らすことなく、それを上手に活用するルール・作法というものを人々は生活のなかで身につけて海とつきあってきたのです。漁業があり、海は漁場として管理され、一般の人々はそれを前提として漁具を使わずに魚介類を採取するなどしていました。そのことで結果的に一定の採取量にとどまり、海の自然は保たれていたのです。

一般の人々の食料採取の場、ヨシ刈の場、そして海の原体験となる遊びの場としてさまざまな利用がなされており、そうした相互の調整のためにさまざまな決まりごとが暗黙のうちにでき、それが地域としての連帯感につながっていたのです。その意味では、海辺の自然破壊は、地域の住民から海とその海と深いつながりのある地域への愛着を失わせ、その地域らしく暮らす場や心までも破壊したと言えるのかもしれません。

日常的に海と接し、愛着を感じる住民がいなくなるとどうなるか。たとえば、三番瀬では周辺の開発の結果、工場群と幹線道路に取り囲まれ、近隣住民が気軽に海辺に行けない構造となっています。すると、海辺はゴミの不法投棄の場と化し、直立護岸の上を走る道路脇には自動車が捨てられています。海面にはたくさんの船が不法に係留されていた時期もあ

海辺の利用ルールの喪失と密漁者

三番瀬の漁業権区域のなかで違法にアサリを採取する密漁者。日本野鳥の会千葉県支部（志村英雄支部長）が密漁者をカウントしたところ、その数4000人以上。あまりの人の数に、野鳥が干潟へ降りることもなかったという。現在、取り締まりが強化されたものの、依然として密漁者は後を絶たない。

レイやハゼをとる遊びを「なでこ」と言っていたという話をヒントにしました。ちなみに、干潟に遊びに行くときは「なでしに行こう！」と友だちを誘ったそうです。なでこプールの最後は、アサリのつかみどり大会で盛り上がります。

◎海辺の体験コーナー

おなじみの塩づくりとノリすづくりの体験コーナーを設けました。どちらも大人気でスタッフはお弁当を食べる暇もなし。

◎フリーマーケット

ずらりと150店が並び、三番瀬の地域では最大規模のフリマとなっています。「まつりのために1年間不要品をためているんですよ」なんて地元の方がたくさん出店してくれます。潮風を感じながらのフリマはとても気持ちがいいようです。

◎ライブ＆パフォーマンス

毎年、塩浜を活動の拠点にしている太鼓集団「鼓由《こゆう》」のみなさんが、和太鼓の演奏で盛り上げてくれます。また、ボーカルデュオ「アイ・タカ」やハッピーゴリラなども来てくれたことがあります。

◎とりたての海の幸の即売会！

船橋の巻き網船団・大傳丸から、毎年とれたての魚介類をご提供いただき、即売会を開催しています。スズキ、イナダ、アジ、イシモチなどなど東京湾産の魚がいっぱい。トラックの前には長蛇の列が！　毎年多大なるご協力をいただいている大傳丸・海光物産の皆様に心から御礼申し上げます！

◉コラム

めざせ　三番瀬の自然再生！（その11）

10月×日　三番瀬最大イベント「三番瀬まつり」を盛大に開催！

三番瀬まつりは2000年から開いています。当初は、市川に海があることも知らない市民に、三番瀬の存在を知ってもらいたい、とにかく三番瀬に足を運んでもらいたいと、三番瀬が見下ろせる市川市所有の空き地（？）を借りて開催しました。周囲は工場地帯で、住んでいる人はいません。「誰か来てくれるのだろうか」と不安だったのですが、ふたをあけたら約2000人も集まりました。市川市側の三番瀬は高さ5メートルもある直立護岸に囲まれていて、海にふれることもできません。でも、楽しい仕かけをすればたくさんの人が三番瀬に集まってくれる、みんな海が好きなのだと感じたのを覚えています。

それから毎年10月に三番瀬まつりを開催しています。いつしか「空き地」と呼んでいた場所は「塩浜多目的運動広場」という名前がついて、三番瀬まつり以外にも、大きなイベントが開催されたりするようになりました。三番瀬を望める「塩浜」の街の魅力に、みんな気づいてきたのだなと、ちょっとうれしく思う今日この頃です。

さて、これまでずっと私たちが手づくりでやってきたまつりでしたが、2005年からは地元の経済団体の市川市塩浜協議会、市川市、それから私たちNPO三番瀬が実行委員会をつくって、まつりを主催することになりました。「海の再生」そして「海と街の連続性の再生」が地元の願いにもなったんだなあと、感激。年々規模が拡大し、2006年、2007年には4000人を超える人が訪れ、大成功でした。

三番瀬まつりの様子をいくつかご紹介しましょう。

◎なでこプール

三番瀬まつり名物「なでこプール」。海にふれられないから、まつり会場に干潟をつくっちゃえと、砂も海水も生物も全部三番瀬から採取しています。「なでこ」とは、埋め立て前の三番瀬の様子を聞き取り調査しているときにうかがった言葉です。潮が引いた干潟をなでるように、手づかみでカ

りましたし、海中には依然として沈船が多数あります。密漁者による貝類などの大規模な採取も平然と行なわれています。今や三番瀬は、さながら「無法地帯」のようになっているのが現状なのです。

このように、現在の日本の海辺は、「在りし日の海辺」とは異なるものとなってしまい、生態系が脅かされ、海のある生活も享受できるようなものではありません。これが今、海辺の「自然再生」が求められている理由なのです。

海辺と開発～歴史と事件

戦後の高度経済成長と海辺

海辺の開発や水質汚濁が本格化し、日本の海辺が大きく変貌するのは、戦後です。とくに一九五〇年代後半から一九七〇年代にかけての高度経済成長の時代です。この時代は、海辺にとって文字どおり受難の時代となりました。

東京湾をはじめとした遠浅の海辺では、干潟や浅瀬が埋め立てられていきました。京葉臨海工業地帯造成計画の一環として、三番瀬埋立計画が登場したものの一九六一年です。一九六三年には、三番瀬の具体的な埋立計画案である「市川二期・京葉港二期計画」が策定されました。

一九五〇年代から一九六〇年代は、製鉄所や火力発電所、石油化学コンビナートなど工場立地のために、一九七〇年代以降は、主に都市再開発や廃棄物の搬入場のために、海辺は埋め立てられ、広大な埋立地が造成されていったのです。山を切り崩し、そこで採取した土砂を干潟や浅瀬に落として土地を造成しました。あるいは、沖合に長い柵を設けて海水を遮断し、巨大なサンドパイプで外側の海底の砂を採取し、柵の内側へ流し込む工法もありました。どのような工法にせよ、

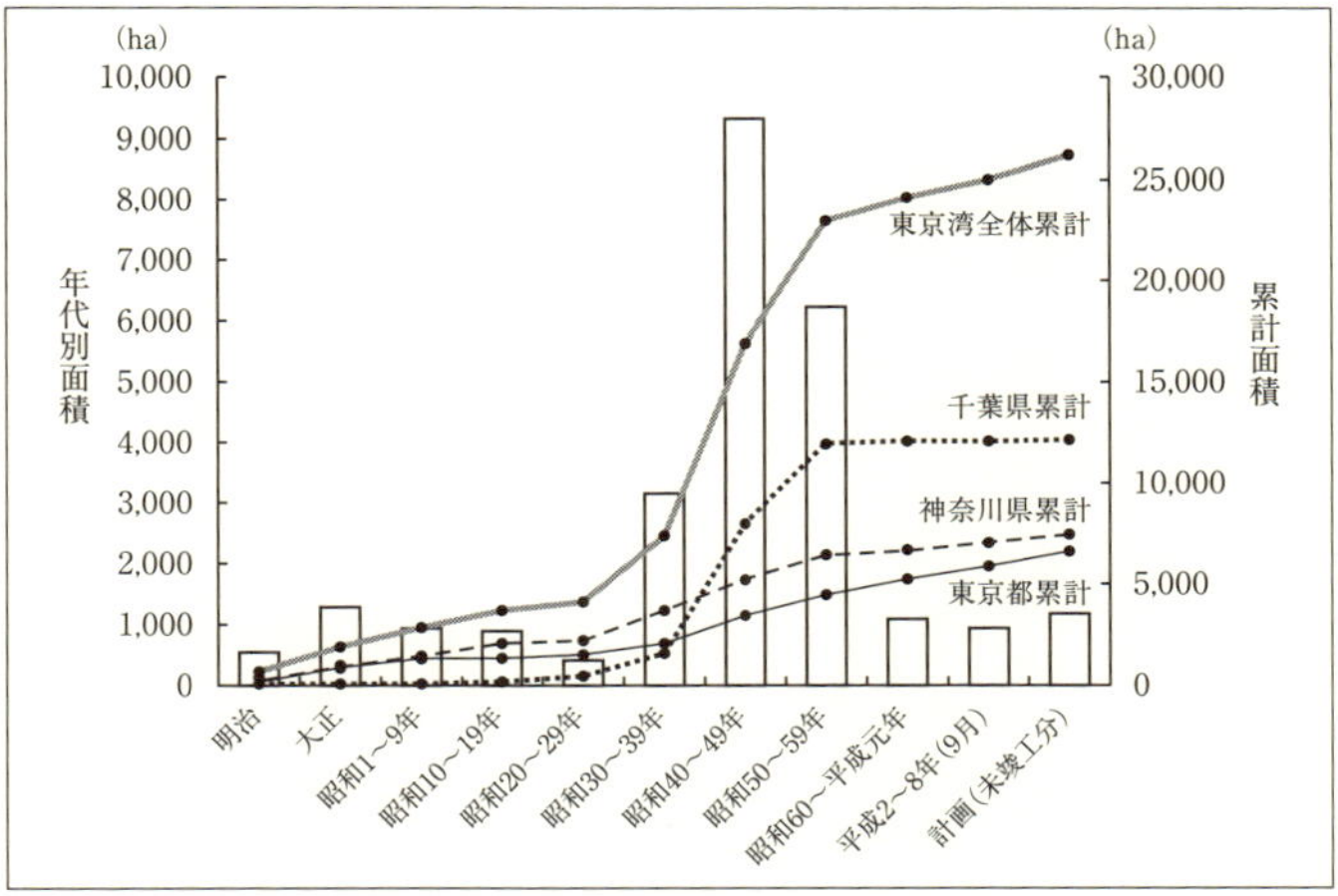

東京湾の埋立面積の変遷

年代別に東京湾の埋立面積を見ると、昭和30年代から50年代の間に急激に埋め立てが進められたことがわかる。全国的な傾向も同様であり、高度経済成長が海辺に及ぼした影響の大きさがうかがえる。(出典：国土交通省関東地方整備局「東京湾水環境再生計画（案)」)

大規模な自然の改変には違いありません。潮だまりで元気に泳ぐ稚魚の群れも、砂の下でじっとたたずむアサリも、杭の片隅で隠れるカニも、そしてそこで生業を営んできた漁業者も、岸辺で生き物と戯れる子どもたちや潮の香りに包まれて海を眺める人々も、こうした開発では、ほとんど配慮されることはありませんでした。

重金属や油、合成洗剤、農薬などさまざまな化学物質や有害物質、有機性汚濁物質が河川を通じるなどして大量に海域に流れ込み、深刻な水質汚濁が生じたのもこの時期です。最も悲劇的な事件が水俣病と言えるでしょう。チッソの化学工場からメチル水銀が水俣湾（熊本県）に流され、それに汚染された魚介類を食べた人々が水俣病となり、脳や神経に重い障害を負い、多くの犠牲者が出ました。

深刻な大気汚染で有名となった四日市市（三重県）のある伊勢湾（愛知県・三重県）でも、石油コンビナートなどから流出する油で魚介類に被害が出ていました。また、大量の塩酸や硫酸が工場から違法に海へ流され、一九六九年に四日市海上保安部の田尻宗昭氏（故人）らがそれらを流した工場を摘発しています。このほかにもこの時代には、列島各地でさまざまな沿岸の海洋汚染や埋め立てが進みました（巻末資料の年表参照）。

一九六〇年代後半の東京湾では、油が海面を膜のように覆い、太陽光が反射すると海面が虹色に光っていました。水揚げされた魚介類は油臭く、背骨が曲がった魚もたくさん見られました。この時期には「東京湾の魚は食えない」と言われ、市場で取引が成立しないこともありました。

漁業者の抵抗と市民運動

こうした開発や事件に対して、漁業者をはじめ人々が反対に立ち上がったところもあります。たとえば一九五八年、江戸川沿いで操業していた本州製紙は有害物質を垂れ流していました。「黒い水」と呼ばれ、漁業に大きな被害を出したのです。これに怒った浦安の漁業者約一〇〇〇人が二〇〇隻の船で江戸川を上り、本州製紙へ押しかけ抗議し、多数の負傷者・逮捕者が出る大乱闘となったのです（本州製紙事件）。この事件をきっかけに、同年末には「水質二法」（水質保全法と工場排水規制法）が国会で成立しました。

水質二法は、その目的に経済との調和が含まれていたことや指定された水域でのみの規制であったこと、さらに排出水を水で薄めれば規制から免れたことなど、水質規制としては不十分なものでした。しかし、同法は、実質的に日本における最初の公害規制法であり、それが漁業者の抗議がきっかけで成立したことは、記憶にとどめられるべきでしょう。

各地で海域を埋め立てる計画が浮上すると、漁業者による反対運動が起きました。ただし、こうした運動の多くは、行政や進出企業による強引かつ巧妙な交渉に負け、わずかな漁業権補償と引き換えに、漁業者たちは海を去っていきました。

一九五三年、千葉県で埋立地を造成し、東京電力が火力発電所を建設する計画に対して、蘇我漁協の漁業者が「金は一代、海は末代」をスローガンにして反対に立ち上がりましたが、翌年には千葉県と漁協の間で漁業権補償が合意され、埋め立てが進みました。これをきっかけに、千葉県での漁業権放棄は次々と進み、干潟の埋め立ては加速することになります。

一九六〇年代から一九七〇年代にかけて、全国各地の海辺で、埋め立てやコンビナート建設などに反対する市民運動が盛り上がりました。

一九六四年、駿河湾（静岡県）で石油化学コンビナートの計画がもち上がると、沼津・三島・清水の二市一町の住民が反対運動を繰り広げ、計画は撤回されました。志布志湾（鹿児島県）では、二七三〇ヘクタールの海浜を埋め立て、石油精製施設や食品コンビナートを誘致する計画が一九七一年に出されましたが、沿岸の住民らの強い反対運動が起きたために、計画は大幅に縮小されました。志布志湾の開発計画は、新全国総合開発計画（新全総・一九六九年）による国土開発のひとつであり、ほかの地域でも大規模開発計画が進められました。

織田が浜（愛媛県今治市）など各地で埋立事業をストップさせようと住民が裁判に訴えること

もありました。そのなかには、自分たちには海浜へ立ち入り、利用する権利である「入浜権」があると主張し、埋め立てはこの入浜権を侵害しているとして裁判で争うこともありました。しかし裁判所は入浜権を認めず、裁判に訴える利益がそもそもないとして、埋立事業そのものの審査を行なうことなく門前払いの判決をしてきました。ほとんどの場合において裁判は埋め立ての抑止にはつながらなかったのです。唯一、海辺の自然保護を目的とした裁判で住民側が勝訴したのは、臼杵市（大分県）でセメント工場を誘致するための埋立計画について公有水面埋立免許の取り消しを求めた臼杵風成訴訟（一審判決一九七一年、二審判決一九七三年）のみであると言われています。

一九六〇年代後半からは、自然保護の視点から干潟の埋め立てに反対する市民の声が各地で出てくるようになりました。一九六七年には、現在の三番瀬の沿岸域となる市川市行徳において、埋め立てに反対し、シギやチドリ、カモなど干潟・浅瀬の野鳥を守ろうと「新浜を守る会」が結成されました。この運動は、日本ではじめての干潟保護運動となります。しかし、漁業権補償を求める漁業者の理解は得られず運動は孤立し、結局要求していた一〇〇〇ヘクタールのうちわずか八三ヘクタールが野鳥保護区として残るにとどまりました。

仙台港の建設により国内有数の潟湖である蒲生干潟（宮城県）が埋め立てられようとしていた

ことに対して、一九七〇年より自然保護団体などが反対し、約三分の一の干潟が残りました（国際貿易港整備計画は残る）。三河湾（愛知県）内の東に位置する田原湾では、そのほとんどが一九六一年以降に埋め立てられましたが、残った干潟（汐川干潟）の埋立計画に対して一九七二年より反対運動が起こり、一九七五年には計画は中止されました。

こうした市民運動の盛り上がりや二度にわたるオイルショック（一九七三年、一九七八年）の影響などによる景気の後退により、埋立計画が中止され、あるいは大幅に縮小された地域もあります。東京湾では、小櫃川河口に広がる盤洲干潟（千葉県木更津市）の埋立計画（一万三〇〇ヘクタール）がストップし、富津洲（千葉県富津市）の埋立計画も大幅に縮小され、谷津干潟（千葉県習志野市）はわずか四八ヘクタールではありましたが残されることになりました。三番瀬の埋立計画についても計画が立ち消えとなりました。

しかし、これらの運動は、実際の開発をほとんど止めることができなかったのが実情です。とくに漁業者の参加しないかたちでの市民運動の多くは成功しませんでした。

海浜の埋め立てを規制する制度が整備されることもありませんでした。埋め立ての基本法となるのは公有水面埋立法です。この法律は、そもそも埋立事業をスムーズに行なうことが目的のものです。また、大規模な埋め立ては主に自治体が事業主になることが多いなかで、埋め立ての免許権者がその自治体となっており、手続が事業主にとって都合がよい仕組みとなっているのです。

一九七三年、埋め立てが続き、水質汚濁が深刻化していた瀬戸内海を対象にして、瀬戸内海環境保全臨時措置法が制定されたものの（一九七八年には恒久法として瀬戸内海環境保全特別措置法へ）、埋め立ては続けられていきました。当時は、環境アセスメント法もなく、環境保全の見地から埋立事業を検討するまともな手続すらありませんでした。環境アセスメント法案は一九八一年に国会へ提出されたものの、大規模開発の動きが強いなかで一九八三年には廃案となり、成立したのは実に一九九七年になってからでした。

再び開発ラッシュの海辺

一九八〇年代に入ると、瀬戸内海など一部の海域をのぞき、各地の沿岸の多くは現在の形状に落ち着いていきました。けれども、「民間活力の導入」を錦の御旗に、沿岸域を含む国内各地で再び新しい開発構想が浮上し、実施されていきます。さらに、リゾート法（総合保養地域整備法）が一九八七年に制定されたように、この時期はリゾート開発が各地で行なわれ、沿岸域でもゴルフ場やマリーナの整備など、開発ラッシュとなりました。

一九八〇年、国は「フェニックス計画」の構想を発表しました。これは、都市で発生する廃棄物などで埋立地を造成し、埋立地を都市再開発用地として活用しようとするものです。一九八一年には、この計画を実施するための広域臨海環境整備センター法ができ、大阪湾で実施されました。

石垣島（沖縄県）で、白保の海に広がるサンゴ礁を埋め立てる新石垣空港の建設計画（一九七九年発表）をめぐって激しい争いが大きく報道されたのも一九八〇年代です。サンゴ礁を埋め立てる計画は住民や国内外の自然保護団体、研究者らの反対によって中止されています（新空港計画は陸上へ建設区域を変更）。また、同県では、本土復帰（一九七二年）以降の沿岸域の開発により土砂（赤土）が海域に流出し、海の汚濁が進み、サンゴの死滅が県内各地で発生しました。この白化現象は、前述のリゾート開発ブームにより一層進んでしまいました。

東京湾では、前述したフェニックス計画の動きがあったものの実現には至りませんでした。しかし、東京湾横断道路（アクアライン）の建設（一九八九年着工）や羽田空港沖合展開事業（東京都）が具体化しました。また、都市再開発を目的に、みなとみらい21（神奈川県）や東京臨海副都心計画（東京都）などが次々と構想され、事業が進められました。建築家の黒川紀章氏（故人）らが「東京改造計画」を発表したのもこの頃です（一九八七年）。これは、房総に巨大な運河を通し、東京湾内に三万ヘクタールにおよぶ人工島を造成するという大規模な開発構想です。

実現には至らなかったものの、大きな反響を呼びました。一九八〇年代半ばには三番瀬の埋立計画も再浮上し、港湾施設の建設と都市再開発用地の造成が構想されています。

第二章で述べたように、こうした開発ラッシュの時代のなかで、一九九〇年、三番瀬研究会は、干潟・浅瀬の価値をふまえ、「海辺の自然再生」を基調とする三番瀬再生プラン「２０２０年の三番瀬に贈る」を発表しました。この考え方は一九九一年に発足する三番瀬フォーラムに受け継がれ、ＮＰＯ三番瀬においても再生の目標はこのプランです。しかし、海の生態系の力が弱まり、海と街の距離ができてしまっていたので、「海の再生」と言われても実感をもって賛同する人は、海の現場を知る一部の人々をのぞいて決して多くはありませんでした。社会全体の流れのなかでは「早すぎた計画」と言えるのかもしれません。この考え方が受け入れられるようになるまでには、もう少し時間が必要でした。

干潟保全の世論と経済情勢の悪化～諫早湾、藤前干潟、三番瀬

一九九〇年代後半に入り、ようやく日本においても干潟・浅瀬、そして海辺の環境保全に対する世論の関心が高まってきました。そのきっかけとなったのは、九州・有明海にある諫早湾（長崎県諫早市）の干拓事業です。また、一九九二年の「バブル崩壊」による不景気のなか、国や自

治体の財政状況も厳しくなり、大規模開発が行なわれにくい情勢となってきました。

一九九七年、諫早湾は、防災や農地造成を目的とした国営干拓事業のために潮受け堤防で締め切られ、干拓が実施され、三五五〇ヘクタールにおよぶ干潟が消失しました。これに世論は強く反発し、干潟の保全の観点から疑問が投げかけられると同時に、事業の目的や効果を疑問視する声も相次ぎ、「無駄な公共事業」との批判を受けたのです。

翌一九九八年には、日本中部にある藤前干潟（名古屋市）の埋立計画がクローズアップされました。名古屋市がゴミの最終処分場を確保するために藤前干潟を埋め立てようとしたのです。これに対して環境庁（現環境省）などが強く反発し、埋立計画は中止に追い込まれました。

この埋立計画において、名古屋市は、自然干潟を埋め立てる代償措置として、自然干潟の沖合いにある浅場に土砂を盛り人工干潟を造成しようとしていました。これに対して環境庁は専門家による検討会を設置し、自然干潟をつぶす代償として人工干潟を造成することは不適切だと激しく反発。結局、埋立計画とともに、この人工干潟の造成計画も頓挫しました。

三番瀬でもこの時期、大きな動きがありました。

一九九六年、三番瀬フォーラムなどが主催したシンポジウムに現職の環境庁長官である岩垂寿喜男氏が参加。埋め立て計画をもつ千葉県の企業庁の担当課長も参加したこのシンポジウムにおいて長官は、「三番瀬を守り抜いてほしい」と発言し、大きな反響を呼びました。そして、一九九九年には、七四〇ヘクタールの埋立計画が一〇一ヘクタールに大幅縮小され、事業計画のなかに「海の再生」が位置づけられたのです。

このほかにも、たとえば和白干潟（福岡市）の前面の海域で人工島（四〇一ヘクタール）を建設する計画をめぐって激しい対立が続いていました。博多湾奥に位置する和白干潟にとって、その前面に建設される人工島は、干潟に蓋をかぶせるようなかたちとなり、干潟環境に大きな影響を与えるからです。さまざまな批判があったものの、一九九四年には建設着工となりました。

なお、吉野川可動堰建設問題をはじめ、公共事業が自然環境を破壊するとともに、事業の必要性そのものが乏しいなどとする「公共事業不要論」がメディアでさかんに取り上げられるようになったのも、この時期です。

こうした海辺の環境保全と公共事業批判の世論を背景に、これまで開発一辺倒であった行政の動きにも変化が出はじめました。過去に計画が策定され現在では不要な可能性のある公共事業について、一定の期間の後に見直しを行なうとする「時のアセス」が一九九七年、北海道庁ではじまり、翌一九九八年には国全体においても実施されるようになりました。この流れのなか、一九六〇年代から計画されてきた羊角湾（熊本県天草諸島）の干拓事業は、一九九七年に中止が決定されています。

また、国や自治体の政策担当者らにも、これまでの開発の結果、そこの自然にどのような悪影響が出て、それを緩和させるにはどうしたらよいのかという問題意識が広まりつつあったと言えます。

たとえば、冒頭で紹介した「三番瀬　海辺のふるさと再生計画」の報告書を読みたいという希望が中央省庁の関係者から少なからず出たこともその証左と言えるでしょう。あるいは、三番瀬埋立計画を進める当時の千葉県は、端から見れば「開発一辺倒」に見えたのでしょうが、実は県庁内では三番瀬の自然再生に向けた調査・議論が行なわれ、その議論に私たち三番瀬フォーラムグループもかかわっていました。三番瀬の自然再生の必要性についての理解が醸成されつつありました。

「自然再生」に向けて、大きなうねりが生じる予兆は、この時期にすでにあったのです。

「自然再生」の登場～公共事業が変わる

過去に損なわれた自然の再生へ

二一世紀に入ると、行政から「自然再生」に関連した提言や施策が出されるようになりました。二〇〇一年七月、小泉純一郎首相が主宰する「21世紀『環の国』づくり会議」の報告がまとめられ、「衰弱しつつあるわが国の自然生態系を健全なものに蘇らせていくためには、環境の視点からこれまでの事業・施策を見直す一方、順応的生態系管理の手法を取り入れて積極的に自然を再生する公共事業、すなわち『自然再生型公共事業』を、都市と農山漁村のそれぞれにおいて推進すること」が提言されました。

同年一二月には、内閣府に設置されていた総合規制改革会議が第一次答申をまとめ、そのなかで「海岸・浅海域等の水系域や都市域など既に自然の消失、劣化が進んだ地域では自然の再生や修復が重要な課題である。自然の再生、修復の有力な手法のひとつに、地域住民、ＮＰＯなど多様な主体の参画による自然再生事業があり、各省間の連携・役割分担の調整や関係省庁による共同事業実施など、省庁の枠を超えて自然再生を効果的・効率的に推進するための条件整備が必要である」と述べています。

二〇〇二年三月、政府は「新・生物多様性国家戦略」を閣議決定しました。これは、生物多様性条約にもとづき、各国が生物多様性の保全のために国家戦略を策定しなければならないことを受けてまとめられたものです。国家戦略は一九九五年に最初のものが策定されていましたが、そこでは「自然再生」にふれていませんでした。この新戦略により、はじめて「自然再生」が生物多様性保全の手法のひとつとして国のなかで明確に位置づけられたのです。

新戦略では、自然再生事業の目的や手法について、①生態系の健全性の回復、②科学的データを基礎とするていねいな実施、③多様な主体の参画と連携を掲げています。新戦略で重要なポイントは、自然再生事業について明確な定義づけをしたことです。すなわち、「自然再生事業は、人為的改変により損なわれる環境と同種のものをその近くに創出する代償措置としてではなく、過去に失われた自然を積極的に取り戻すことを通じて生態系の健全性を回復することを直接の目的として行なう事業」と位置づけたのです。

これは、前述した藤前干潟埋立問題において、自然干潟をつぶす代償として人工干潟を造成するような「代償措置」は、「自然再生」と認めないと宣言したものと言えるでしょう。「自然再生」とは、「過去に失われた自然」を回復するものと明確にしたのです。

自然再生推進法

二〇〇二年一二月、自然再生事業の法制度として「自然再生推進法」が議員立法で成立しました。同法では、「新・生物多様性国家戦略」での自然再生の位置づけを継承・発展させて、「自然再生」の目的を「過去に損なわれた生態系そのほかの自然環境を取り戻すこと」として、国・自治体、地域住民、NPO、専門家などの多様な主体が参加して、河川、湿原、干潟、藻場、里山、里地、森林そのほかの自然環境を保全・再生・創出・維持管理することとしています。

また、基本理念について、①豊かな自然を将来世代にわたって維持すること、②地域の多様な主体が連携すること、③科学的知見にもとづき実施すること、④順応的管理（事業着手後も監視・評価、その結果を事業へ反映）を実施すること、⑤自然環境学習として活用することの五項目を定めています。同法はそのうえで、自然再生協議会や自然再生事業実施計画などについても定めています。

同法にもとづき、現在までに全国で一九の自然再生協議会（法定協議会）が設置されています（二〇〇七年一一月現在）。そのうち、海辺の自然再生に直接かかわる協議会が設置されているのは、蒲生干潟（宮城県）、椹野川河口（山口県）、竹ヶ島海中公園（徳島県）、竜串自然再生協議会（高知県）、石西礁湖（沖縄県）の五カ所です。

問い直されるべき合意形成の方法？

海辺を含む全国の自然が悪化するなかで、自然再生に取り組むための事業がたったの一九カ所にすぎないことに驚く人もいるかもしれません。もちろん、前述の協議会は同法にもとづく法定協議会の数なので、これとは別に、全国には六九の法定外協議会もあります（二〇〇七年四月現在）。しかし、それにしても、両者を合わせても八八協議会にすぎません（なお、国土交通省や農林水産省など中央省庁が独自に自然再生事業に取り組む例もありますが、ここではとりあえず省きます）。

この大きな理由のひとつは、自然再生事業の合意形成の方法にあるのではないでしょうか。自然再生推進法にもとづき策定された「自然再生基本方針」では、自然再生協議会の運営について次のように定めています。「協議会の運営に際しては……協議会における総意の下、公正かつ適正な運営を図ること」。

この「総意」とは一体どのような意味でしょうか。各地の協議会の合意形成方法を見ると、文字どおり参加者全員の一致を原則としているところが多く見られますし、少なくとも多数決を原則としていないことは、同法に関する官公庁資料を読み解けば見えてきます。しかしながら、こうした方法が果たして自然再生にとって有効な手段なのか、改めて考えてみる必要性があるように感じるのです。

実際、私たちがかかわる三番瀬でもそうですが、それ以外の場所でも「合意形成」が問題となる事態が起きています。たとえば、二〇〇四年に沖縄県で発足した「やんばる河川・海岸自然再生協議会」は、米軍基地の問題で参加者間の意見が折り合わず、二〇〇七年に解散していますし、そのほかにも、地権者の脱退で協議会が休止している例があります。

当たり前の話ですが、社会には政治的な対立を含めてさまざまな対立があります。また、自然環境の捉え方についても多様なものがあります。そうしたなかで参加者の「総意」で物事が決まるものでしょうか。かつての公共事業がいわば密室のなかで策定・実施され、大小さまざまな反対運動が起きたことは周知の歴史的な事実です。また、現在でさえもそうした問題がなくなったわけではありません。しかし、だからと言って、「では物事は全員一致で進めていきましょう」というのは行きすぎではないでしょうか。全員一致で公共政策が進められるのであれば、そもそも「政治」はいらないでしょう。

また、この「総意」方式は、表面上は民主的な手法のように映るかもしれませんが、実は、政治や行政が政策をとりまとめる「責任」を放棄していることにもなりかねません。あるいは、「総意」で事業が進められ、かりに失敗した場合、その責任からも政治や行政は逃れることになるでしょう。

そもそも、公共政策についての責任の所在は、行政であり、かつそのトップのはずです。またそれに議会が予算承認という点で関与することで政治サイドにも責任があるはずです。その責任を果たすために、とくに行政には、事業を策定・実施するプロセスごとに徹底した情報公開と説明責任（アカウンタビリティ）が求められているのではないでしょうか。

「合意形成」の名のもとに行政のトップが責任を回避している三番瀬情勢に直面しながら、このように思っています。

傷つけた自然を再生するための「公共事業」は必要

ところで、このような、はじまったばかりの日本での自然再生の動きに対して、「自然再生は、ムダな公共事業をなくそうという動きを封じ込めるための動きだ」「自然再生事業は形を変えた公共事業にすぎず、公共事業の延命策だ」などと批判する意見もあります。自然再生推進法案の立法過程において、NGO・NPOが非公式に環境省の説明を受ける場では、むしろそうした意見が多く出ていました。

しかしながら、日本の自然環境は、もはや破壊が相当程度に進行していることも事実です。本書では、海辺の現状についてのみ述べましたが、大都市圏内はもちろんのこと、郊外の住宅地も、大小さまざまな河川も、里山も、山林も、多くのところはかつての自然環境ではなくなっているのが日本の現状なのです。

また、海辺の自然再生をめぐる議論のなかでは、前述の藤前干潟埋立問題における人工干潟の問題を援用して、自然再生事業そのものに反対する声もあります。「当時の環境庁ですら、人為的に造成する人工干潟を否定していたではないか（だから人工干潟はダメだ）」というわけです。

けれども、藤前での人工干潟造成計画に環境庁が反対したのは、それが自然干潟をつぶす「代償措置」としての計画だったからです。「過去に損なわれた干潟」を回復することに反対したわけではないことは強調されるべきでしょう。もちろん、自然再生事業が本当に「過去に損なわれた環境」で実施されるのかどうかを見きわめることは重要ですが、人為的な改変をともなう自然再生を「人為的だから」と全否定してしまうのは、乱暴な議論と言わざるを得ません。

「三番瀬　海辺のふるさと再生計画」の聞き取り調査において、半農半漁で三番瀬にかかわってきた元漁師の方がこんなことを言っていました。「デコボコになった田んぼの底に土を入れることには誰も文句を言わないのに、海になるとどうして反対する人がいるのか、ワシにはさっぱり理解できん」

メディアでは「公共事業不要論」は二一世紀に入って旬なトピックとなっています。不要ばかりか環境破壊を起こす「公共事業」については厳しく対応していくことが必要でしょう。現に、そうした「公共事業」が散見されるのも、日本の現状でしょう。しかしながら、その勢いのあまりに「公共事業」すべてを否定するのは、やはり乱暴な意見ではないでしょうか。

繰り返し述べているように、過去の開発によって日本の生物多様性は危機に瀕しており、人間の経済活動による環境負荷が大きいままの現状では、それらを回避・低減させ、生物多様性を回復するためのある種の「公共」的な事業は必要と言わざるを得ないのです。「公共性」の意味内容をもう一度捉え直して、生物の多様性の確保をそのなかにきちんと位置づけるべきなのです。その意味では、「新・生物多様性国家戦略」などで示された自然再生の考え方を、私たちは、リスクがあることを常に意識しながら、むしろ積極的に捉えていくべきではないでしょうか。

海辺の自然再生の動き

海辺の自然再生に向けた施策と「里浜づくり」

さて、自然再生に向けて国が大きく動き出すとともに、海辺の自然再生の動きも活発化してきました。港湾における主要な干潟・藻場などの保全・再生事業は、全国五二カ所（一八港三湾）で実施されています（二〇〇四年三月末国土交通省発表）。このなかでも、航路の浚渫《しゅんせつ》の際に発生する土砂を活用して干潟を造成した三河湾のシーブルー事業はしばしば成功事例として取り上げられています。

二〇〇一年一二月、小泉内閣が進める「都市再生プロジェクト」の「第三次決定」において、「大都市圏における都市環境インフラの再生」が掲げられました。これは、「豊かでうるおいのある質の高い都市生活を実現するため、大都市圏の既成市街地において、自然環境を保全・創出・再生することにより水と緑のネットワークを構築し、生態系の回復、ヒートアイランド現象の緩和、自然とのふれあいの場の拡大等を図る」というものです。そして、このなかで「海の再生」が施策のひとつとして位置づけられ、「水質汚濁が慢性化している大都市圏の『海』の再生を図る」こととされたのです。

その後国土交通省では、「東京湾再生のための行動計画」（二〇〇三年三月）、「大阪湾再生行動計画」（二〇〇四年三月）を策定し、都市再生プロジェクトの一環として関係機関や自治体が連携して行動計画にもとづく取り組みを実施しています。二〇〇五年度からは対象とする海域を拡大し、「全国海の再生プロジェクト」として伊勢湾や広島湾でも計画の策定や各種施策を実施しています。

また、二〇〇二年六月に国土交通省港湾局は、人と海辺の関わり方を再検討し、人と自然が共生した新たな海辺の文化を創造し、多様な主体の協働による海辺づくり（「里浜」づくり）を進めていくことを目的として、「新たな海辺の文化の創造研究会」を設置しました。この研究会のなかに設けられた「里浜づくり研究会」（座長・磯部雅彦東京大学大学院教授）には、NPO三番瀬の小埜尾精一も参加し、海辺と地域の人々との関係のあり方、密接なつながりの回復に向けた取り組みの方向性などについて検討がなされました。

「里浜」とは、「多様で豊かなかつての『海辺と人々とのつながり』を現代の暮らしにかなう形で蘇らせた浜」を指し、「里浜づくり」とは、「地域の人々が、海辺と自分たちの地域のかかわりがどうあるべきかを災害防止のあり方をも含めて議論し、海辺を地域の共有空間（コモンズ）として意識しながら、長い時間をかけて、地域の人々と海辺との固有のつながりをつちかい、育て、つくりだしていく運動やさまざまな取り組みのこと」だとしています（里浜づくり宣言・二〇〇三年五月）。「三番瀬　海辺のふるさと再生計画」で提示した考え方が、中央省庁の世界で認められるようになったと言えるでしょう。

二〇〇六年三月には、同研究会により、先行する事例から参考となるヒントやアイディアをとりまとめた「『里浜づくり』のみちしるべ」が策定されており、国土交通省はこれを参考とした各種取り組みを進めていくとしています。

東京湾でもさまざまな動き

過去の「開発」と「埋め立て」により、すでに九〇パーセント以上の干潟が埋め立てられた東京湾でも、最近になって情勢は様変わりしてきました。かつての埋め立て一辺倒であった動きは影をひそめ、現在は各省庁、自治体とも東京湾の再生に向けた施策を競うようになってきたのです。

前述のとおり、「都市再生プロジェクト（第三次決定）」において海の再生が施策として掲げられ、そこで、「先行的に東京湾奥部について、地方公共団体を含む関係者が連携して、その水質を改善するための行動計画を策定する」ことが明記されました。これにより、都市再生本部に東京湾再生推進会議が設置され、国とともに沿岸の七都県市が参画。二〇〇三年三月には「東京湾再生のための行動計画」がまとめられ、同年度から一〇年間の再生に向けた行動計画が策定されました。

また、国土交通省は二〇〇二年度より東京湾蘇生プロジェクトを実施しており、同省関東地方整備局は、「東京湾環境計画」をまとめています。二〇〇三年六月、環境省と国土交通省が共同で設置した「東京湾の干潟等の生態系再生研究会」は、湾の生態系再生方策についての報告書をまとめています。

それは、三番瀬からはじまった

三番瀬では一九六〇年代から埋立計画をめぐり激しい議論が繰り広げられてきましたが、すでに一九八〇年代後半には三番瀬研究会が三番瀬の再生ビジョンを示しており、さらに一九九〇年代半ばには議論のテーマのひとつに「海の再生」があがっていたからです。

二〇〇一年に、堂本暁子氏が千葉県知事となり、埋立計画が白紙撤回されるに及び、「三番瀬の再生」が正面から論じられるようになりました。しかし、その内実は問題が多く、NPO三番瀬をはじめとする市民団体はその場を去りましたが、第二、三章で詳しく述べたように、それをきっかけにアマモ場の再生実験を実現させることができました。かつての埋立予定海面での実際の自然再生事業となる私たちのアマモ場再生実験は、全国的にも大きな反響を呼ぶことになりました。

かつては人がかかわりながら自然環境が良好に保たれてきた海。埋め立てという大波に抗いながらも、周囲は開発しつくされてしまった海。都市化し、直立護岸と工場地帯で街とは分断されてしまった海。それでも、NGOが長年温めつづけてきた自然再生への取り組みがスタートした海。それが三番瀬です。全国から注目され、いわば「大規模開発後の日本の海辺」の象徴的な存在となった三番瀬でのNPO三番瀬の取り組みは、日本の海辺再生の動きに大きな影響を与えています。

三番瀬は、「公共事業」の危うさを知っています。過去数十年にわたって、どれほどその脅威を感じつづけてきたことでしょう。そうした公共事業の負の遺産が山積しているのが三番瀬であり、日本の海辺だということを忘れてはいけないのです。しかしながら、負の遺産を解消するのもまた、公共事業にほかなりません。同じ「公共事業」という名称ですが、それはきっとこれまでのものとは意味が違ってくることでしょう。現場の海を知り、その自然が大きく傷つけられている現状を目のあたりにしているNGO・NPOは、一歩踏み出すリスクを常に念頭に置きながら、自然再生に取り組み、「公共事業」に新しい意味を与えるべきではないでしょうか。

◉コラム
めざせ　三番瀬の自然再生！（その12）
10月×日　三番瀬レンジャーのフォローアップ講座

三番瀬の保全・再生の担い手として、レンジャーを育成しています。みんな初級のレンジャー講座を受けて、三番瀬の基礎的なことは知っています。でも、知識をもっているだけでは、三番瀬で活動はできません。自力で海に行って作業するために、現場で必要な技術やノウハウを学んでもらうのが、フォローアップ講座です。

この日はロープワークの講座でした。船を係留したり、アンカーを結んだりという船の作業や調査、はたまた人命救助などに欠かせない技術です。これを知っていると、新聞を束ねたり、洗濯ロープを張ったり、トラックの荷台の荷物を固定するなどということが手際よくできて、生活でも役立つのです。本結び、巻き結び、もやい結びなど、よく使う結び方を教わりました。最初は何がなんだかわからなくて、ロープと手がこんがらがって、「あれれれ？」という人が続出。でも講座を修了する頃には、みんななんとか格好がつくようになりました。

第五章　三番瀬の二〇二〇年に贈る

2020年の三番瀬は？

1990年、NPO三番瀬のルーツとも言える三番瀬研究会は、「2020年の三番瀬に贈る」を発表。このイラストはそのときに作成されたものだ。30年後の三番瀬を描いた2枚の未来予想図は、現在でも私たちの目標とする姿だ。当時の埋立計画のなかで、夢物語のように思われたこのイラストが、現実の三番瀬で実現するまで、あともう少しだ。

自然再生の目標と手法〜自然の変化を知り、本来の自然の姿をとらえる

自然再生を考えるうえでいちばん重要なことは、その自然の本来あるべき姿を具体的にイメージすることです。それは、その自然環境が変化しはじめた地点はどこなのか、どこへ戻せばよいのかを、きちんととらえられているかということです。

三番瀬で言えば、「まだ延縄漁ができた頃の三番瀬の景色を思い描くことができるのか」と問うことにつながります。

一九六〇年代、沿岸の開発がスタートした頃、そこに広大なヨシ原や湿地が残っていて渡り鳥がたくさん来ていました。干潟に下りていくと沖合にアマモ場がありました。緑(ヨシ原などの後背湿地)があって、歩いて入っていくことができる豊かな海があり、そこには鳥もたくさん来ていた――そのような記憶をもち、あるいはそのような景色を思い描くことができる。再生すべき三番瀬がDNAのなかにたたき込まれていることが必要なのです。

このような、ある意味で当たり前の話を本章の冒頭で述べたのは、三番瀬において一部でこうした「常識」を無視し、「今」をスタート地点ととらえて議論する動きがあるからです。

典型的な例が「泥干潟」と「カキ礁」を無批判に肯定するものです。

「泥干潟」を肯定する意見とは、三番瀬の市川塩浜地先の海域の一部が「貴重な泥干潟」であるとして、その海域には「一切手をつけるな」というものです。

しかし、この海域は、本来は砂の干潟と浅瀬からなっていた場所でした。そこでは地元の人が潮干狩りをしたり、漁師がノリ養殖をしたりしていました。ところがその後、下水の流入や地盤沈下、周囲の埋め立てにより「砂」が「泥」状に悪化してしまったのです。

さらに言えば、この「泥」とは、たとえば江戸川放水路で見られるような良質の「泥」ではなく、いわばタール状の「ヘドロ」となっているところがほとんどであり、採泥器で泥をすくうと著しく腐臭がただようものなのです。

また、「カキ礁」を肯定する意見とは、同じ市川塩浜地先の海域にあるカキが群生する区域について、それが「全国最大級」で「貴重」であるから保全すべきだというものです。

しかし、三番瀬の現場を知る者からすれば、この海域は砂質の干潟・浅瀬の環境が悪化して、泥状となり、沈船などにカキが付着して広がったものにすぎません。また、三番瀬のほかのポイントにも、これ以上の「カキ礁」はいくつもあり、どこが「全国最大級」なのだろうかと、そのあまりにも乱暴な意見にただ唖然とするばかりです。

むしろ、この「カキ礁」は年々拡大しており、砂干潟が侵食されるという問題がありますし、カキは青潮に弱いので、青潮が発生すると死滅し、さらなる干潟環境の悪化が避けられません。したがって、本来の三番瀬の自然環境を保全する立場からすれば、「カキ礁」は保全の対象どころか、修復の対象とすべきものなのです。

ところが、千葉県による三番瀬円卓会議の議論を見ていると、自然環境の現状と変化を把握しようとしていないために、こうした乱暴な意見を否定することもできず、ただ堂々めぐりの議論を延々としているだけなのです。

「今」をスタートに自然再生を考えることの危険

写真は、三番瀬の市川塩浜地先に広がるカキの群生地。三番瀬では一部の意見で、ここを「貴重なカキ礁」と位置づけたり、周囲の泥状の干潟・浅瀬も「貴重」だとして肯定したりする意見がある。しかし、かつては、このあたりも砂の干潟・浅瀬が広がり、むしろ環境悪化により現在のような環境となっていることは地元では共通認識だ。現在の環境からスタートさせる自然再生の議論の危うさをこの事例は示している。

◉コラム

「カキ礁」の根本的な問題

「カキ礁」は、過去数年から10年ほどの間に、三番瀬の海域で急激に増加しているものだ。「カキ礁」肯定論では、当初、「100年くらい前からカキ礁があった」などと繰り返し強調していたが、それは明らかに誤っている。たとえば、肯定論がとくに保護を主張している市川市の塩浜地先（いわゆる猫実川河口）の沖合に広がる「カキ礁」を例にとろう。ここは、もともとは干潟・浅瀬であり、一部に澪があったところにすぎない。NPO法人三番瀬環境市民センターでは3年間にわたり、かつてこの海を利用していた方々に聞き取り調査を実施したことがあるが、それによれば、このあたりは大潮になれば歩けるような広大な干潟であった。「カキ礁」があったという証言はまったく出てきていない。

この海域は、その後の開発や地盤沈下のために、周囲を陸地で囲まれてしまい、かつ干潟が陥没してしまったという点について、地元の認識は一致している。

「カキ礁」が三番瀬の自然にとって大きな問題であるのは、それが増加することで本来の自然環境を損なうことになりかねないからだ。

たとえば、三番瀬には残り少ないアマモ場があるが、急速に増大する「カキ礁」がこのアマモ場のある干潟・浅瀬に迫ってきている。「カキ礁」が広がれば、砂に根を張るアマモは生きていくことはできない。海底の表面に砂がなくなりカキだらけとなれば、アサリなど本来生息していた生物が次々に姿を消してしまうだろう。

さらに「カキ礁」は、青潮被害を一層大きくする危険性をもっている。青潮が「カキ礁」を襲えば、カキはすぐに死ぬだろう。そうなると、死んだカキによって海水は一気に汚れてしまい、青潮で弱ったほかの生物にさらに深刻な影響を及ぼすことになる。

このように、「カキ礁」は、三番瀬の本来の自然とかけ離れたものであるばかりか、侵食しているのである。したがって、「カキ礁」肯定論を否定することはもちろんであるが、それだけでなく、「カキ礁」となってしまった場をいかに本来の干潟・浅瀬に修復していくのかを真剣に考えなければならない。(H.A.)

その現実をふまえると、やはり対象とする自然環境の現実と変化、戻すべき環境像をきちんととらえることの重要性を改めて強調しておきたいと思います。

目標とするイメージを描く～未来図はこうしてできた

次のステップとして、その記憶をできるだけ多くの人と共有し、誰にでも再生後の自然環境を想像させることができるイメージ図を示すことです。「こうなるといいね」という共感を得ることだと思います。

私たちは、三番瀬再生のイメージを表わした「2020年の三番瀬に贈る」と題するパース図をもっています。これは、三番瀬研究会がトヨタ財団から研究助成費をいただき、一九八八年から約二年間にわたって行なった調査・研究「埋め立てを行なうことなく創出できる市民の親水空間を」という調査・研究の成果物で、三番瀬の環境再生の長期ビジョンとして一九九〇年にまとめたものです（口絵参照）。緑（ヨシ原とアマモ）があり、歩いて入っていける海であって、人も鳥もたくさん集まってきています。

「原体験」の大切さ

プロローグで述べたように、当初私たちの構想は、海という資源を活かす視点が入ったウォーターフロント開発の構想でしたが、その後、三番瀬の自然を徹底的に把握した結果、視点を変えて、現在の未来図をつくりました。

ここでも、ベースとなったのは、メンバーのそれぞれがもっていた「原体験」だったと思います。三番瀬を長く見ていた人もいましたし、盤洲や富津など近くの干潟をイメージする人、ふるさとの海を語る人もいました、長年自然保護をしてきた経験のなかからの意見も出ました。すでに船橋市が航路の一部を埋め立てて人工海浜をつくっていました。千葉市でも幕張、検見川、稲毛で人工海浜がつくられ、ここでの人の利用、自然が回復していく様を見ていくことも、お手本にしたり、反面教師にしたりしながら、構想を集約していきました。

ところで、自然再生を検討するにあたり、その自然での原体験をもっていない人がいることもあるでしょうし、関係者の原体験だけでは足りない場合もあると思います。そうしたときには、原体験をもつ方々から聞き取り調査を行なうことが有効です。

第二章で述べたように、私たちは「三番瀬　海辺のふるさと再生計画」のプロジェクトを実施し、三番瀬で原体験をもつ方々からの聞き取り調査を行ないました。聞き取りを通して、はじめて臨場感をもってかつての海辺のイメージをもつことができたメンバーも少なくありません。

日本の海辺が大きく変貌したのはたった数十年前のことですから、まだまだかつての海辺での原体験をもっている方々はたくさんいるはずなので、この聞き取り調査は、再生像を固めるうえで有効でしょうし、さらに自然再生事業を実施後の管理手法のひとつに取り入れることも

「原体験」の重要性と継承

自然再生事業においてその目標像を具体的に描くにあたって「原体験」は重要な意味をもつが、「原体験」をもたない人が事業にかかわるには、そうした原体験をもっている人々から直接聞き取りをすることが大切だ。本や資料ではなかなか見えてこない原風景がわかる（写真は、「三番瀬　海辺のふるさと再生計画」の作成にあたって行なった聞き取り調査の様子）。

重要な意味をもつはずです。

「語り部」に学ぶ

三番瀬では、埋立計画が長く存在していたために「失われた二〇年」の問題があります。一九六〇年代後半から一九八〇年代後半の二〇年間は、「いずれこの海は埋め立てられる」と、陸《おか》に上がる漁業者も多く、漁業の時代ではなくなってしまいました。

過去とのつながりが切れそうになった時期が長く続いたわけです。このことは、三番瀬に限らず、全国の多くの海辺でも生じたことにちがいありません。戦後の高度経済成長のなかで、海辺の自然環境は大きく変わり、かつてのような活発な沿岸漁業の姿が少なくなってきているからです。

こうした状況のなかで自然再生を考える際に重要なのは、かつての海辺の姿をよく知る「語り部」たちの存在です。海辺環境の変遷を肌で感じてきた人々から聞き取り、それを私たちはきちんと受け止め、自然再生の目標値を定めなければ、すべてが狂ってきてしまいます。語り部たちの声を現代の科学や技術に置き換えながら自然再生の方策を考えるのが、今の私たちの仕事では

◉コラム

めざせ　三番瀬の自然再生！（その13）

11月×日　ハス田どろんこプロジェクトでハスを収穫！

5月に植えたハスがいよいよ収穫の時を迎えました。ドロドロの田んぼのなかを手さぐりで探して、折らないように大事に大事に掘り出していきます。5平米くらいの小さなハス田ですが約20キログラムのレンコンが収穫できました。ワイワイと収穫したレンコンはすぐに料理をして、みんなで食べてみました。天ぷら、バターでソテーしただけのレンコンステーキ、肉詰めなどなど。掘ってすぐのレンコンはホクホク、モチモチしていてすごく美味しかったです。

私たちは、三番瀬にあった後背湿地の再生に向けた取り組みのひとつとしてハス田の再現に取り組んでいます。かつての行徳には、ヨシ原とともにハス田もたくさんあり、三番瀬の後背湿地が形成されていましたが、都市化された行徳では、今ではハス田を見ることはほとんどできません。

三番瀬塩浜案内所の駐車場にあった花壇を掘って水を入れてハス田をつくり、種レンコンを植えました。ハスはどんどん大きくなり、花を咲かせ、ちゃんとレンコンもできたのです。小さな小さなハス田ですが、約20キログラムのレンコンと、身近な自然と共生することの楽しさ、ハスを通したたくさんの人との出会いなどなど、予想以上の収穫がありました。ハスの生長具合やそこにいる生物のモニタリングもデータ化しています。

毎年、成果報告会も開催し、プロジェクトの1年間を振り返り、田んぼづくりの苦労やハスという植物の魅力、掘りたてレンコンの美味しさといった思い出話に花を咲かせる一方で、かつての三番瀬とその周辺の自然環境のなかでハス田が担ってきた役割や、今後の塩浜の街づくりを考えるうえで、人と自然の関係修復にも役立つ可能性など検証しました。

この日、プロジェクトを指導してくれた師匠・篠田務さんに、「予想以上のできだった」とおほめの言葉をいただいたのがうれしかったです。「来年もハスをつくろう！」と、みんなで決意しました（写真は、2006年11月に行なったレンコンの収穫風景）。

ないでしょうか。

実際に私たちは、三番瀬の自然について、ノリ漁の名人であった篠田務さんや、行徳で現役最長老の福田由松さんをはじめ、古くから三番瀬で漁業を生業としてきた方々から多くのことを学んでいます。

統計データがまともにない状況が、三番瀬を含むかつての日本全体の海辺です。いくら専門家をそろえようとも、語り部の声を抜きにしては、不十分な再生像しか練ることはできないでしょう。

技術的な視点を忘れない

さて、話を一九九〇年に戻しましょう。私たちは、三番瀬の具体的な再生イメージをまとめたわけですが、この未来図が大きな評価を得て、埋立計画のカウンタープランとして多くの賛同を得ることができたのは、技術的・工学的なセンスが加えられていたからということもありました。

メンバーの思いを聞き取りながら、

「護岸から歩いて干潟に下りるっていっても、いったい護岸の高さはどれくらいあるのさ?」

◉コラム

三番瀬環境再生のための素材探し（その2）サブマリントラクターなど

サブマリントラクターも、三番瀬の環境再生に使える機器として見つけた。アオサ除去とアサリの稚貝採集に使おうと考えている。

エアモーターで駆動し、自重が300キロあっても空気を送り込むために浮力が出て水中では200キロにまで軽減する。小さなキャタピラで動くこのトラクターの、海底への踏み付け荷重は人間の一歩よりも軽い。私たちが大切にしているアマモを踏み付けても折るようなことがない。それでも大型の台船を曳いて海底を突き進む力は変わらないというから利用範囲は広い。

サブマリントラクターよりももっと軽量で、別の用途に使えると現在考えているのは、あるコンクリートだ。

今後の漁港のつくり替えや行徳の人工干潟への架橋にも軽量な建材は必要不可欠。毎年、市川市内外の小中学校から塩浜の海に下りたいという要望が寄せられるが、いまだにほとんどが直立護岸であり、なかなか整備が進まない海岸線の塩浜では小さな船しか使えず、学年単位やクラス単位の人数は無理で、結局ふなばし三番瀬海浜公園に連れて行くしかない。とても残念なので、漁港近くの人工干潟の架橋を架け替えられないかとも考えているのだ。勝鬨橋のように跳ね上げ式にしなければ底曳き漁の船も通過する澪が横切っているから難しく、軽量な素材で架橋が可能ならと思っていた矢先に見つけたのだ。

ダクタルコンクリートという、普通のコンクリートの10倍の強度を有しているが軽量。しかも50メートルの距離を橋脚なしで架橋できるというのも魅力的だ。軽ければ跳ね上げ式も回転式もその動力は小さくてすむことになる。漁港も天板が軽くなれば杭の数は極端に少なくてすむから、きわめて有効なコンクリートだと考えている。

すでに海藻がつきやすいコンクリートもできている。こうした素材の技術躍進はより環境に優しい再生が可能になる。今後も情報収集と実験を続けていくつもりだ。まずは青潮対策のためにナノサイズの空気を入れてみよう！（S.O.）

「干潟をつくるために、どんな傾斜角度をとったら砂がとまるのだろう」とチェックを入れていきます。

わからないことはどんなことをしても調べ、「こんな技術が使えるのではないか」というものを、未来図にどんどん盛り込みました。

また、当時はまだ埋立計画があったので、それも視野に入れました。

たとえば、埋立計画で予定されていた下水道終末処理場は着工が避けられなければ半没式とする。湿地を再生させて、処理水を水源として利用し、脱チッ素、脱リンの機能を受けもたせる。第二湾岸高速道路については、仮に着工の必要性があっても当時検討されていた高架式は認めず、地下式のみを認める。ただし、トンネルを掘った砂は干潟の造成に活用する。技術的な課題をクリアしながら、こうした提案をしていったのです。

未来図を共有できない千葉県の円卓会議

一九九〇年、二枚の未来予想図に込めた高い理想は「熱」となり、多くの人に伝わっていきました。一緒に三番瀬再生の夢を見たいという人が増えてきました。数名ではじめた運動が地域で五〇〇名を超えるグループとなり、市民の方々とともに、行政や企業のなかにも応援していただける方々が出てきたのです。

実際に目に見える絵がありますから、こんな浜ができたら、私はそこで何をしよう、子どもたちには何を見せてやろうかと想像することができます。近い将来そういうことができるようになるのなら、今は目の前が工事現場でも、海に入れなくてがまんしましょうという気持ちになるものです。

もう一歩踏み込める人は、こうなるために自分ができることはないのかと考えてくれます。

三番瀬塩浜案内所に展示されている未来予想図

1990年に発表された三番瀬の未来予想図である「2020年の三番瀬に贈る」は、市川市三番瀬塩浜案内所にも展示されている。その図で描かれているさまざまな再生像をひとつずつ具体化させている活動の模様もパネルで展示されている。これまでも、これからも、私たちはこの未来予想図に向かって活動し、その成果を示していきたい。

それが、今活動を支えてくれるレンジャーや、さまざまな協力をしてくれる地元の住民、企業、研究機関、地元行政、国なのです。

最終的にこうなるという具体的なプレゼンテーションができて、そこへ向かうためのプログラムを提示して賛同を得ていかなければ実現性はありません。

自然再生の成果をみんなで喜び合えなければ、やる意味もありません。

残念なことに千葉県による三番瀬の円卓会議は、机上の議論のみが先行し、具体的なイメージ図が描けていないので、プレゼンテーションをしても伝わらないのです。

海辺の豊かさを実感する街づくりを

千葉県の円卓会議のもうひとつの問題は、三番瀬の豊かさを住民が実感し、そのありがたみを感じる場について議論がなされていないことでしょう。

これでは、「なぜそこに税金を投入してまで自然再生をしなくてはいけないのか」という県民の問いかけに応えることはできません。言葉を換えていえば、街づくりにつながらない自然再生は、その必要性の根拠に乏しいのです。

三番瀬で自然再生を行なうのであれば、それが街にとってどのような恩恵を受けるのか具体的に示すべきです。自然再生の成果が地元に還元され、豊かさを実感できる仕組みが必要なのです。

一般的に言って、これは、必ずしもハード面のみの街づくりを指すわけではありませんが、少なくとも街と海辺の自然環境が断絶している三番瀬にとっては、ハード面での政策もきちんと提示すべきです。

塩浜に「道の駅」を！

現在私たちは、こうした疑問に応えるべく、三番瀬の恵みを満喫でき、街づくりの起爆剤になるように、市川市の行徳地区の塩浜に「道の駅」をつくる構想を提示しています。

塩浜地区は、三番瀬の沿岸のなかでも直立護岸が延々と続く場所であり、自然再生の必要性が最も高い地区です。ここに干潟環境を回復させたときに、街づくりとして何をするのか。これを私たちは、「道の駅」でクリアしようと提案しているわけです。

「道の駅」事業は、国土交通省が各地で展開しているもので、国道に設置されています。駐車場やトイレなどの休憩施設を軸に、地域の文化や名所、特産物などを活用して多様なサービスを提

塩浜・行徳　道の駅構想

三番瀬の自然再生のために税金を投入するのであれば、それによって地元がどのような恩恵を受けるのかを明確にしなければ、自然再生そのものの説得力はない。

そこで、私たちは、三番瀬の自然再生の成果を地元に還元するために、市川市の行徳地区の塩浜に「道の駅」をつくることを提案している。同時に船の発着場となる「海の駅」もつくり、既存の「JRの駅」（市川塩浜駅）とあわせて3つの駅として機能させる。地元の人が気軽に訪れることができるように、塩浜のこれらの駅と行徳駅（東京メトロ東西線）の間をスカイレールで結ぶなど自然に大きな負荷を与えない公共交通のラインも整備したい。

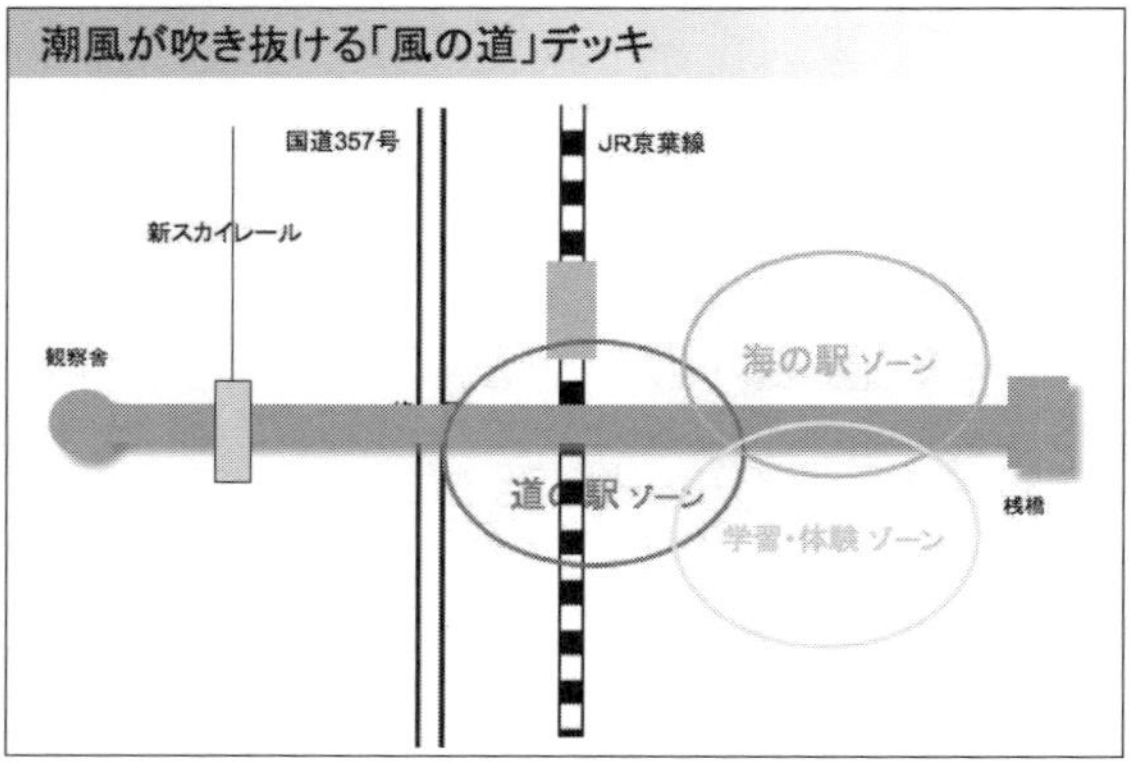

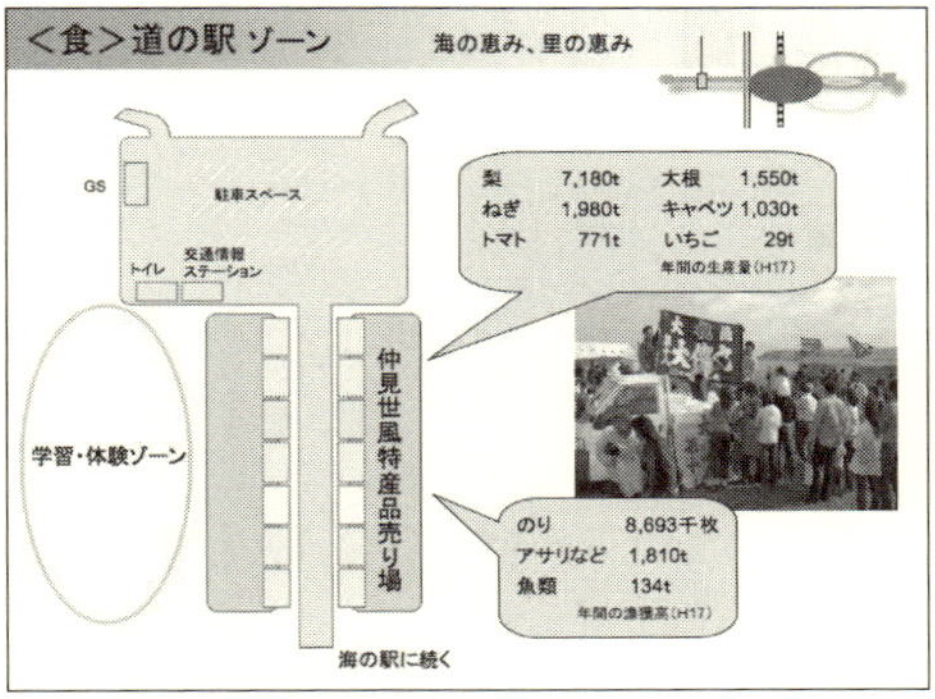
<食>道の駅 ゾーン
海の恵み、里の恵み
GS
駐車スペース
トイレ
交通情報ステーション
梨 7,180t 大根 1,550t
ねぎ 1,980t キャベツ 1,030t
トマト 771t いちご 29t
年間の生産量(H17)
学習・体験ゾーン
仲見世風特産品売り場
のり 8,693千枚
アサリなど 1,810t
魚類 134t
年間の漁獲高(H17)
海の駅に続く

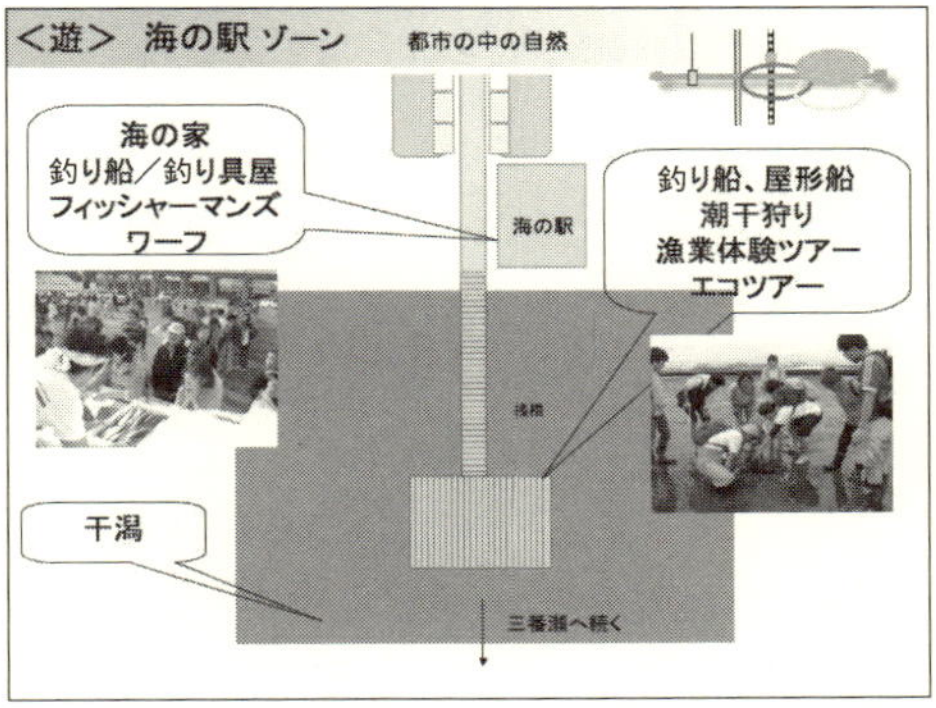
<遊> 海の駅 ゾーン
都市の中の自然
海の家
釣り船／釣り具屋
フィッシャーマンズ
ワーフ
海の駅
釣り船、屋形船
潮干狩り
漁業体験ツアー
エコツアー
干潟
三番瀬へ続く

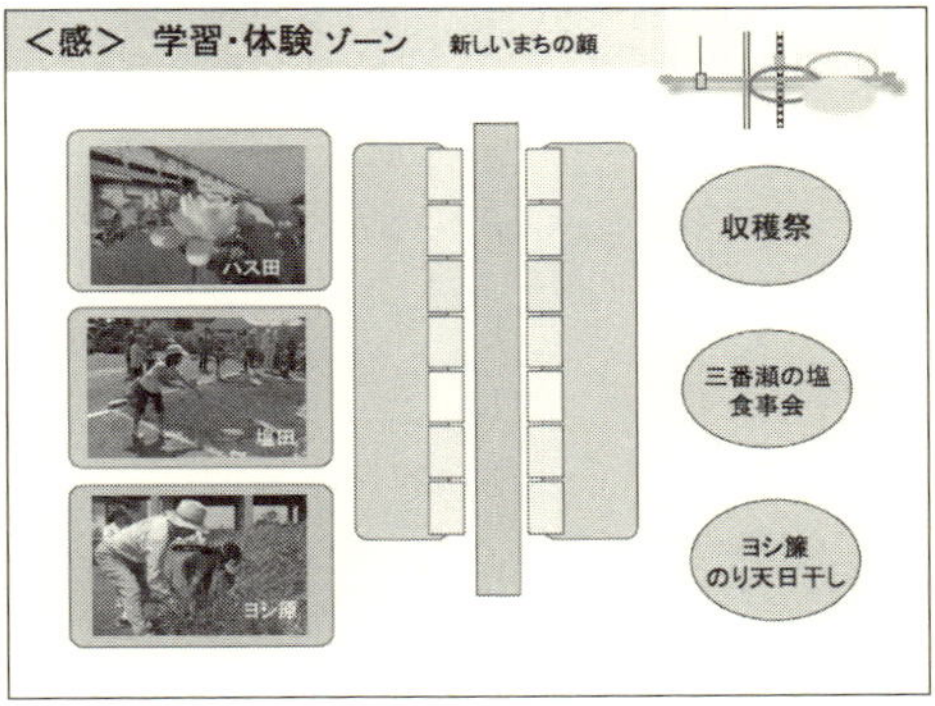
<感> 学習・体験 ゾーン
新しいまちの顔
ハス田
塩田
ヨシ原
収穫祭
三番瀬の塩
食事会
ヨシ簾
のり天日干し

供しています。この道の駅で「肝」であるのは、その工夫を地域が自主的に考えられることです。

千葉県内には、二〇カ所の道の駅があります。三番瀬に比較的近い道の駅としては、内陸部になりますが、国道一六号沿いに道の駅「やちよ」があります。地元の新鮮野菜が買えるとあって、ドライブ途中の人だけでなく近隣の人たちも利用しています。都市近郊でいちご狩や米づくり、イモ掘りなどの農業経験ができ、それを目当てに訪れる人も多いそうです。

塩浜地区を通る国道三五七号線沿いに、こうした道の駅をつくるとしたら、ノリやアサリをはじめとする三番瀬の海の幸が気軽に買えて、その場で味わえるようにしたい。また、市川市特産の梨も欠かせませんし、塩浜の企業の出店も期待しています。

そこに、かつて行徳にあった海辺の風景である塩田やヨシ原、ハス田も再生して、そこで塩づくりやヨシ刈り、ハス掘り体験ができたら楽しいことでしょう。道の駅から海へアクセスできるように桟橋をつくって、そこから屋形船で発着したり、漁業体験や干潟のエコツアーに出られるというのもどうでしょうか。

塩浜にはＪＲ市川塩浜駅があります。この「ＪＲの駅」と「道の駅」と船が発着する「海の駅」という、三つの駅が互いに機能することで三番瀬と街をつなぎ、人や物や情報が行き交う要所としての塩浜の街の未来像が見えてくるのではないでしょうか。

「海」という制約条件の認識を

海辺の自然再生を考えるにあたって、海辺以外の自然再生と比較して考えてみると、いくつかの留意すべき点があることに気づきます。最も大きな留意点は、海辺の自然再生の場合は、対象となる自然が「海」であるということでさまざまな制約条件が出てくるということです。

たとえば、アマモ場の再生活動のためには、船を確保する必要がありますし、浅瀬を安全に航行することはもちろん、寒い時期での海中作業も出てきます。海は、「誰もが気軽に参加できる」自然再生のフィールドにはなりにくいものなのです。昨今の自然再生活動のフィールドが、海辺では少なく、里山などで多いのは、こうした事情もあると言っていいでしょう。

したがって、海辺の自然再生を進める場合には、まず海というフィールド固有に課せられた制約条件をきちんと認識することが重要です。そのうえで、「それでも可能なメニューにはどのようなものがあるのか」について積極的に考え、そして実施の段階では慎重に慎重を重ねたうえで行なうことです。

◉コラム

めざせ　三番瀬の自然再生！（その14）

12月×日　深夜の三番瀬を歩く夜間散策会

夜10時に集合して、ふなばし三番瀬海浜公園で観察会を開きました。魚が寝ていたり、夜行性の生物が活発に動いていたりと、昼間とはちょっと違う干潟が見られると好評なイベントです。30人が参加しました（写真は、2006年11月の夜間散策会の様子）。

2005年の三番瀬は大変なことになっていました。例年、冬はアナアオサという海藻が多いのですが、今年は半端じゃありません。ちぎれたアオサが波で打ち寄せられ、多い所は30〜40センチくらい堆積して、長靴では潜ってしまうほど。当然下のほうから腐りはじめていて、イオウともアンモニアとも言えないような臭いが鼻をつきます。

生物にもよいことはなくて、干潟をアオサが覆っていますから、酸欠ぎみなのか、ふだんは砂のなかに潜っているゴカイやニホンスナモグリなどがアオサの上に出ていました。アサリなどの二枚貝も水管を必死に伸ばして息をしているという感じで、みんな元気がありません。強い北風が吹けば沖に押し流されてしまうのですが、今年はなぜか風も吹かないのです。このままではヤバイぞ、三番瀬。

……こうして、私たちの三番瀬三昧の1年も終わろうとしています。年が明けたら、またすぐにその年の計画を組んで、三番瀬ライフを満喫します！

重要な人材育成、だがマニュアルだけで自然とはつきあえない

さらに、参加者が海での活動に対して一定の技量や経験をもっていれば、可能なメニューの幅を広げることができます。ほかのフィールドと比べて制約条件が格段と厳しい海辺での自然再生活動では、人材育成がとくに重要な意味をもってくると言えるでしょう。

私たちは、「三番瀬レンジャー認定制度」を実施し、市民の人材育成に取り組んでいます。すでに一五〇名を超える三番瀬レンジャー（初級）が誕生しています。技量と経験を積んだレンジャーのなかには、海中での作業を行なえるなど高いレベルの者も出てきました。こうした市民サイドでの人材育成を積極的に推し進めることが市民参加を広げ、海辺の自然再生の活動を活発化させることにつながっているのです。

しかし、それだけではすまないということもここで強調しておきましょう。

「活動のマニュアルが欲しい」。活動のなかで時々そう言われることがあります。しかし、マニュアルだけで活動が安全に行なわれたり、効果的なものができるかというと、そういうものでもありません。海は、私たちがふだん生活する場ではない分、計り知れない事態が生じることも多く、

そうしたなかでは何よりも経験が重要となってきます。その意味でも、「語り部から学ぶ」ことは多いですし、幾度となく海の現場を歩き、あるいは航行しなければわからないことが多いのです。眼前の海をとことん肌で感じることなく、ただ講座などに参加しただけで「海を知った」と思うとすれば、それは、「ビールの泡だけ飲んでビールを知った」ようなものです。

最近は、「安全」が強調されすぎているためか、日常生活のなかで「危険」を感じる場面が減っているように思います。そのなかで育たざるを得なかった人々には、どうしても経験を重視する姿勢に欠け、マニュアル志向に陥りがちな面があるような気がします。

今なら、まだ間に合います。目の前には三番瀬という海が残り、その海を熟知している人が少数ながらもいますから。

語り部たちの話に耳を傾けながら、大潮のときに干潟を歩き、中潮のときに船で航行し、昼の干潟も深夜の干潟も歩き、真冬の深夜、水温五度を切る海に飛び込んでアマモを植えていけば、きっと三番瀬の本当の姿が見えてくるはずです。

そのときに感じる幸福感をあなたにも感じてほしいと思います。それこそが、自然再生に取り組む醍醐味であるはずですから。

エピローグ　あなたにもこの海の未来を見てほしい

三番瀬塩浜案内所にも、あの二枚の未来予想図を掲げています。見学者に求められれば、きっとこう説明するでしょう。

これが三番瀬の未来です。

過去に埋め立てた土地から滑らかに地盤が下がり、ヨシ原から浜へ、さらに干潟へと傾斜し波間に没していきます。海のなかには海草が繁茂しアマモ場を形成しています。再び三番瀬に現われた良好な自然環境を求めてたくさんの魚介類が集まり鳥が舞う、この再生された干潟、浜、湿地、ヨシ原と緑の海域を見渡す海岸の小さな高台が堤防の役割を果たし、その後につながる街を守ります。そこには三番瀬の豊かな食材を江戸前として味わうことができる小粋な店がにぎわい、心豊かな都市を演出し、三番瀬の自然と恵みを享受しようという人たちでにぎわっています。

散策道を通って三番瀬へ行きましょう。

私たちはそんな三番瀬でちょっと誇らしげにガイドをしています。もう三番瀬には埋立事業が計画されることはありません。あるのは失った環境を再生していく事業のみです。二〇二〇年、人々の英知と技術が三番瀬の再生と保全を成し得ていることでしょう。

そこへ向かうための一歩を、今あなたはここで目にしているのです。

●全国の海辺環境・三番瀬問題の年表

	全国の動き	三番瀬の動き
一九五六年	五月一日、新日本窒素肥料（現チッソ）水俣工場附属病院が保健所に脳症状の患者の発生を報告（水俣病公式確認の日）。後に同社から排出したメチル水銀が原因であることが明らかとなる（水俣病）	千葉県、千葉県産業振興三カ年計画を策定。東京湾千葉側の一〇〇〇万坪（三三〇五ヘクタール）の埋立構想
一九五八年	製紙工場からの排水に反発した漁業者が工場に押しかけ衝突（本州製紙事件／東京都・千葉県） 水質二法（水質保全法、工場排水規制法）制定	千葉県、京葉臨海工業地帯造成計画を策定。浦安から五井まで一〇〇〇万坪の埋立計画
一九五九年		千葉県、京葉臨海工業地帯造成計画の埋立面積を二〇〇〇万坪（六六一〇ヘクタール）へ
一九六〇年	国民所得倍増計画が閣議決定	千葉県、京葉臨海工業地帯造成計画の埋

	この頃から、東京湾や伊勢湾で水揚げされた魚類の一部に異臭があるという苦情が出る	立面積を三四〇〇万坪（一万一二四〇ヘクタール）へ
一九六三年		千葉県、三番瀬埋立計画（市川二期・京葉港二期計画）を策定
一九六四年	駿河湾（静岡県）の石油化学コンビナート計画が住民の反対で撤回	
一九六七年	新浜（千葉県市川市）で日本初の干潟保護運動「新浜を守る会」が発足 公害対策基本法制定	
一九六八年		市川一期埋立計画を着工
一九六九年	四日市海上保安部、塩酸や硫酸を排出していた工場を摘発 福岡・大分・山口県と北九州市、周防灘の大規模埋立計画（五万八一〇〇ヘクタール）の開発構想を発表（漁業者の反発	

	とオイルショックで立ち消えに） 新全国総合開発計画（新全総）が閣議決定	
一九七〇年	蒲生干潟（宮城県）の埋め立てを保護団体などが反対へ 洞海湾（福岡県）で高濃度のシアン等の有害物質が検出 田子の浦（静岡県）で、製紙工場の排水による海底へドロ化が問題化 公害規制14法が制定・改正（公害国会）、そのうち海洋汚染防止法、水質汚濁防止法も制定	
一九七一年	浦戸湾（高知県）で、パルプ工場の排水路を住民らが生コンクリートでふさぐ 志布志湾（鹿児島県）で、埋立開発計画をめぐって住民らが反対 環境庁発足	
一九七二年	汐川干潟（愛知県）の埋め立てを保護団	

	体などが反対へ 瀬戸内海（播磨灘）で、赤潮による大規模な漁業被害が起きる	
一九七三年	セメント工場進出による埋立計画をめぐる臼杵風成訴訟で、計画に反対する住民の主張を認める二審判決 オイルショック 瀬戸内海環境保全臨時措置法制定（一九七八年に恒久法へ）	船橋市漁業協同組合が漁業権全面放棄 三番瀬埋立計画が立ち消えとなる
一九七四年	水島コンビナート（広島県）で油が瀬戸内海へ流出	
一九七九年	白保（沖縄県石垣島）のサンゴ礁を埋め立てる新石垣空港建設計画発表	
一九八〇年	廃棄物で海域を埋め立てて、都市再開発を行なうフェニックス計画を発表（翌年、広域臨海環境整備センター法制定）	

	湿地を保全するラムサール条約を批准	
一九八三年	環境影響評価法案（環境アセスメント法案）が廃案へ	一期計画の工事が完了（現在の海岸線へ）
一九八四年		千葉県、市川二期計画の調査を再開
一九八六年	東京湾横断道路建設特別措置法制定	千葉県、市川二期基本計画案を発表 市川の海研究会が発足
一九八七年	総合保養地域整備法（リゾート法）制定 関西国際空港、建設着工	
一九八八年		三番瀬研究会（小埜尾精一代表）が発足
一九八九年	東京湾横断道路（アクアライン）、建設着工	
一九九〇年		千葉県、市川二期・京葉港二期計画の基本構想を策定 三番瀬研究会、三番瀬の再生プラン「2020年の三番瀬に贈る」を発表

一九九一年		三番瀬フォーラム（富永五郎代表顧問、小埜尾精一事務局長）が発足 三番瀬を21世紀に残す会（鈴木有代表）が発足
一九九二年		千葉県環境会議が発足
一九九三年	環境基本法制定	千葉県、市川二期・京葉港二期計画の基本計画を策定（七四〇ヘクタール埋立計画）
一九九四年	博多湾の和白干潟（福岡市）の前面の海域に人工島建設着工	
一九九五年		千葉県環境会議、補足調査を提言
一九九六年		三番瀬フォーラムとＷＷＦジャパン、幕張メッセで大規模シンポジウム開催。環境庁長官と千葉県企業庁担当課長が出席
一九九七年	有明海の諫早湾（長崎県諫早市）の干拓事業で潮受け堤防が締め切られる	

	河川法を改正。法の目的に河川環境の整備と保全が明記 環境影響評価法（環境アセスメント法）が制定 羊角湾（熊本県天草諸島）の国営干拓事業が中止	
一九九八年	藤前干潟（名古屋市）の埋立計画が中止へ	千葉県の補足調査検討委員会、県環境会議へ報告書を提出。三番瀬の自然環境を高く評価（翌年、埋立計画が三番瀬に与える影響は大きいとする報告書を提出）
一九九九年		千葉県、三番瀬埋立計画の縮小案（一〇一ヘクタール）を発表
二〇〇〇年	港湾法を改正。法の目的に環境保全に配慮しながら港湾整備を図ることが明記	「三番瀬まつり市川二〇〇〇」開催 「三番瀬　海辺のふるさと再生計画二〇〇〇」発表
二〇〇一年一月	環境省が発足	一二日、環境省の川口順子大臣が三番瀬

		を視察。三番瀬フォーラムと日本野鳥の会千葉県支部が案内役を務める。環境相は、従来どおり埋立計画への慎重な検討を求める 一三日、「三番瀬　海辺のふるさと再生計画」の提言報告会を開催
三月		九日、三番瀬フォーラム執行部を母体とするNPO法人「三番瀬環境市民センター（NPO三番瀬）」（安達宏之理事長）が発足 二五日、「三番瀬埋立計画の白紙撤回と里海再生」を公約とした堂本暁子氏が千葉県知事に当選
七月	「21世紀『環の国』づくり会議」（首相主宰）で自然再生型公共事業の推進が提言	
一二月	都市再生プロジェクト（内閣官房都市再生本部）第三次決定で「海の再生」が施	一五日、三番瀬環境保全開発会議（第一回）を開催。千葉県の円卓会議に対して、

	策のひとつへ 総合規制改革会議（内閣府）が第一次答申のなかで、自然再生事業の必要性を提言	「NPO円卓会議」と呼ばれる 市川市、行徳臨海部基本構想を策定。沿岸域の自然再生と街づくりの方針を明確化
二〇〇二年一月		二〇日、三番瀬環境保全開発会議（第二回）開催 二八日、千葉県による三番瀬再生計画検討会議（第一回）開催。小埜尾精一が委員として参加
二月		一六日、三番瀬環境保全開発会議（第三回）開催
三月	新・生物多様性国家戦略が閣議決定。生物多様性保全手法のひとつに自然再生が位置づけられる	一七日、三番瀬レンジャー育成講座（第一期生）開催（以降、順次開催し、二〇〇七年九月には第一七期生を出し、一五〇名を超える）
四月	国土交通省関東地方整備局、東京湾蘇生プロジェクトをスタート	二六日、千葉県による三番瀬再生計画検討会議が海域小委員会を設置。小埜尾精

		一が同委員会コーディネーターへ就任 NPO三番瀬、市川市自然環境課と東邦大学東京湾生態系研究センターと協働で2年間にわたる「海の再生実験」事業をスタート
六月	国土交通省港湾局、「新たな海辺の文化の創造研究会」を設置し、このなかに「里浜づくり研究会」（座長・磯部雅彦東京大学大学院教授）を設置	三〇日、三番瀬環境保全開発会議（第四回）開催 「三番瀬　海辺のふるさと再生計画二〇〇一―二〇〇二」発表
九月		小埜尾精一が、県円卓会議とは別に予算化を図る動きがあることを批判し、海域小委員会コーディネーターを辞任
一〇月		三番瀬まつり市川二〇〇二を開催
一一月		五日、千葉県の三番瀬再生計画検討会議に委員として参加していた小埜尾精一が、委員を辞任

一二月	自然再生推進法が制定	
二〇〇三年一月		※アマモ場再生実験一年目 二二日、三番瀬研究会、日本野鳥の会千葉県支部、ＮＰＯ三番瀬の三団体が堂本知事に対して意見書を提出。現実の危機的な海環境にふれず、問題先送りに終始する県円卓会議を批判し、知事の責任を問う。なお、円卓会議の小委員会に委員として参加していた安達宏之は、日本野鳥の会千葉県支部長・志村英雄氏や東邦大学教授・風呂田利夫氏とともに任期延長を拒否
三月	国土交通省、「東京湾再生のための行動計画」を発表	一八日、アマモ場再生実験の候補地を選定 二二日、アマモ栄養株一〇〇株を二ポイントに等分に移植（行徳側）
四月		五日、アマモ栄養株二〇〇株を移植（船

		橋側） 以後、二〇〇四年四月まで月二回の頻度でモニタリングを実施
五月		二〇日、モニタリングで、行徳側に移植したアマモの根元にアサリの稚貝が大量に生息していることが判明
六月	国土交通省港湾局と環境省自然環境局が設置した「東京湾の干潟等の生態系再生研究会」が湾の再生策の報告書をまとめる	三日、アマモ花枝を富津で採取 以後、案内所で熟成作業 二八日、案内所でアマモ花枝から放出された種の拾い出し、種子の選別
七月		一三日、市川市三番瀬塩浜案内所（以下「案内所」）がプレ・オープン。海の見学会（市川市主催、NPO三番瀬運営）参加者が案内所で苗床へのアマモの種まき（年内に計四回実施）。以後、案内所で育苗 二二日、案内所が正式オープン（NPO三番瀬が運営受託）

月		出来事
		三一日、モニタリングで、行徳北のポイントでアマモ場にアミメハギを発見 ヨシ原再生実験で、東浜でベントス調査
八月		二三日、三番瀬アマモすくすくプロジェクトの成果発表会を開催
九月		案内所敷地内で、「夢のヨシっ原プロジェクト」をスタート
一〇月		五日、三番瀬まつり市川二〇〇三を開催。アマモの種まきをイベントで実施
一一月		ヨシ原再生実験で、東浜の市民調査（事前）
一二月		一二日、案内所で播種準備 一三日、アマモワークショップ開催 一五日、東浜へ播種① 二〇日、三番瀬環境保全開発会議（リスタート第一回）開催

		二二日、東浜へ播種② 以後、二〇〇四年四月まで月二回のペースでモニタリングを実施 ヨシ原再生実験で、東浜に海水投入
二〇〇四年一月		※アマモ場再生実験二年目 二〇日、育苗したアマモ苗を東浜へ移植 二二日、千葉県による三番瀬再生計画検討会議が「三番瀬再生計画（案）」を策定
二月		ヨシ原再生実験で、東浜の市民調査（事後）
三月	国土交通省、「大阪湾再生行動計画」を発表	一三日、市川市、東邦大学、NPO三番瀬が二年間にわたり進めてきた協働プロジェクトの報告会を開催 二七日、三番瀬環境保全開発会議（リスタート第二回）開催
四月		五日、三つの移植ポイントのうちの一つ

		である「行徳北」でアマモの株数が一六四七株を超えていることを確認 「行徳北」のアマモがすべて消失したことが発覚
五月		二九日、三番瀬環境保全開発会議（リスタート第三回）開催
七月		二四日、三番瀬環境保全開発会議（リスタート第四回）開催
八月		週末ごとに案内所夏休み企画「塩浜の体験塾」として海辺の体験イベントを開催（以後、毎年開催）
一〇月		三日、三番瀬まつり市川二〇〇四開催。アマモ株主を募集。またアマモ写真展を一七日まで開催
一二月		四日、三番瀬環境保全開発会議（リスタート第五回）開催

		二四日、千葉県による三番瀬漁場再生検討委員会（第一回）が三番瀬再生会議とは別に開催 二七日、千葉県による三番瀬再生会議（第一回）開催（漁業関係者は不参加）
二〇〇五年一月		※アマモ場再生実験三年目 二二日、三番瀬環境保全開発会議（リスタート第六回）開催
四月	国土交通省、「全国海の再生プロジェクト」を実施	
六月		三〇日、千葉県による三番瀬再生会議、県の再生基本計画について答申
一〇月		二日、三番瀬まつり市川二〇〇五開催。主催に地元経済団体の市川市塩浜協議会が新たに参加 ＮＰＯ三番瀬、宇井清彦が理事長となり、

		新体制へ移行
一二月		二一日、千葉県は「千葉県三番瀬再生計画（基本計画）」を策定 二八日、千葉県三番瀬再生会議、市川塩浜の護岸改修の事業計画等で答申
二〇〇六年一月		※アマモ場再生実験四年目 千葉県、市川塩浜の護岸改修の事業計画確定、改修実施へ（三三〇〇メートルの護岸のうち一〇〇メートル）
二月		五日、ハス田プロジェクト成果報告会・ミニ企画展を開催（以後、毎年開催）
三月	里浜づくり研究会、「『里浜づくり』の道しるべ」を発表	二五日、三番瀬環境保全開発会議（リスタート第七回）開催
四月		二三日、二〇〇六年度ハス田プロジェクトがスタート アマモ場再生実験区内でベントス調査ス

		タート
五月		一九日、千葉県による三番瀬再生会議が三番瀬評価委員会を設置
六月	「国土交通省海洋・沿岸域政策大綱」を策定。施策のひとつに自然環境の回復を位置づける	三日、船橋側の新たなポイントでアマモ場再生実験をスタート
一〇月		一五日、三番瀬まつり市川二〇〇六開催。参加者数が四〇〇〇名を突破
一二月		二〇日、千葉県、「千葉県三番瀬再生計画（事業計画）」策定
二〇〇七年一月		※アマモ場再生実験五年目 二七日、大傳丸進水式にて青潮対策の新技術「ドラゴンバブル」を発表
二月		二〇日、写真展「ハス田のある風景」を開催（三番瀬塩浜案内所）

八月	三番瀬再生の恵みを街へ還元するために「塩浜へ道の駅を」を提案
一〇月	一四日、三番瀬まつり市川二〇〇七開催

備考／三番瀬情勢について、二〇〇一年までの詳しい動きについては、『東京湾三番瀬〜海を歩く』（三一書房）および『三番瀬から、日本の海は変わる〜市民が担う干潟保全「豊饒の海」をめざして』（きんのくわがた社）に収録

●三番瀬フォーラムグループ関連著作

『三番瀬から、日本の海は変わる〜市民が担う干潟保全「豊饒の海」をめざして』

三番瀬フォーラム著・NPO法人三番瀬環境市民センター編集協力　発行・きんのくわがた社　二〇〇一年

二〇〇一年までの激動の三番瀬情勢。三番瀬埋立計画と三番瀬の再生をめぐる三番瀬フォーラム一〇年間の軌跡！

『東京湾三番瀬〜海を歩く』

小埜尾精一・三番瀬フォーラム編著　発行・三一書房　一九九五年

東京湾と三番瀬の概要、三番瀬の生物、江戸前漁業、埋立計画、三番瀬の再生についての考え方などをわかりやすく紹介。

『三番瀬のアマモ場とヨシ原の再生に向けて〜三番瀬の自然再生における市民参加マニュアル』

三番瀬環境市民センター・市川市自然環境課編著　発行・市川市　二〇〇四年　非売品

二〇〇二年〜二〇〇三年の二年間にわたる三番瀬の自然再生に関する取り組みのうち、市民参加による三番瀬のアマモ場とヨシ原の再生方法をまとめた報告書（二〇〇三年度市川市委託事業）。市川市三番瀬塩浜案内所で閲覧可。

『三番瀬海辺のふるさと再生計画〜三番瀬と街をむすびつける仕かけを組み立てよう』

三番瀬海辺のふるさと再生計画実行委員会編集・発行　二〇〇二年　非売品

三番瀬環境市民センター、行徳郷土文化懇話会、市川市の三者が実行委員会を組織し、コーディネーターとして千葉大学都市計画研究室（代表・北原理雄教授）を迎えて、かつての三番瀬の自然を知っている地域の人々から聞き取り調査を実施。かつての海辺の形状や海辺の利用方法をヒントに、これからの海辺再生を提案した。

『三番瀬　海辺のふるさと再生計画二〇〇〇年版』
三番瀬　海辺のふるさと再生計画実行委員会編集・発行　二〇〇〇年　非売品

※以上のほか、『三番瀬ブックレット（vol.01～03）』、各種報告書、ビデオなども制作しています。これらは、市川市三番瀬塩浜案内所でご覧いただくことができます。

●スタッフ紹介

特定非営利活動法人　三番瀬環境市民センター
（NPO三番瀬）
http://www.sanbanze.com/npo
理事長　宇井清彦
副理事長　小松美加
　町田恵美子
理事　福士　融
　石塚　誠
　小林義行
　小松　徹
監事　小埜尾精一
三番瀬フォーラム
http://www.sanbanze.com
顧問　小埜尾精一
　須賀潮美
　安達宏之
　ケビン・ショート
事務局長　清積庸介
事務次長　岸本真由美

●本書を制作したスタッフ

企画　町田恵美子
　小埜尾精一
　安達宏之
執筆（括弧内は担当箇所）
町田恵美子（第1章・第2章・第3章・第5章・エピローグ・コラム）
小埜尾精一（監修・コラム）
安達宏之（プロローグ・第1章・第4章・第5章・年表等・コラム）
編集協力　清積庸介

【著者紹介】

ＮＰＯ法人 三番瀬環境市民センター

東京湾の奥に残された干潟・浅海――三番瀬の環境を保全し、生きものがにぎわい、人々が気軽にふれることのできる海と街づくりをめざし、三番瀬フォーラム（一九九一年発足）を母体に、二〇〇一年に設立。干潟再生をめざす「アマモすくすくプロジェクト」、後背湿地再生をめざす「ヨシ原ぐんぐんプロジェクト」「ハス田どろんこプロジェクト」、海の見学会、年に一度の「三番瀬まつり」など、一般の方に参加していただける楽しい活動をはじめ、三番瀬レンジャー養成講座、三番瀬塩浜案内所の管理・運営を行なっている。

http://www.sanbanze.com/npo/

海辺再生——東京湾三番瀬

二〇〇八年 四月二〇日初版発行

著者——NPO法人三番瀬環境市民センター
発行者——土井二郎
発行所——築地書館株式会社
東京都中央区築地七—四—四—二〇一　〒一〇四—〇〇四五
電話〇三—三五四二—三七三一　FAX〇三—三五四一—五七九九
ホームページ=http://www.tsukiji-shokan.co.jp/
組版——ジャヌア3
印刷——株式会社平河工業社
製本——井上製本所
装丁——新西聰明

ISBN 978-4-8067-1362-3 C0040

●自然・環境の本

自然エネルギー市場

新しいエネルギー社会のすがた

飯田哲也［編］　◎2刷　二八〇〇円＋税

二一世紀に初めて世界的に出現しつつある自然エネルギー市場を捉える試みとして、エネルギー政策、環境政策、産業政策、持続可能な社会などの視点から見渡した上で、過去に類のない今日的な論点を提示する。

自然再生事業

生物多様性の回復をめざして

鷲谷いづみ＋草刈秀紀［編］　◎3刷　二八〇〇円＋税

科学（保全生態学）と社会活動（NGO、市民）の視点から、自然再生事業とはどのようにあるべきなのかについてまとめた。その理念、基本的な考え方、実践例、関連する理論的・技術的な諸問題を幅広く紹介。

有明海の自然と再生

宇野木早苗［著］　二五〇〇円＋税

豊饒の海と謳われた有明海の自然は諫早湾潮受堤防の締め切りによってどう変化したのか？　半世紀にわたり海を見続けてきた海洋学者が、潮の減衰、環境の崩壊、漁業の衰退の実態と原因を、これまでに蓄積されたデータをもとに明らかにし、有明海再生の道をさぐる。

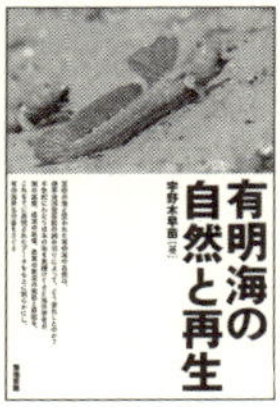

ここまでわかったアユの本

変化する川と鮎、天然アユはどこにいる？

高橋勇夫＋東健作［著］　◎6刷　二〇〇〇円＋税

アユ不漁と消えゆく天然アユ……。川と海を行き来する魚、鮎の秘密を探った本。川に潜ってアユを直接見てきた研究者がわかりやすく語る。◎ビーパル（渡辺昌和）評＝フィールドからのアユ学をまとめた一級の観察記録。

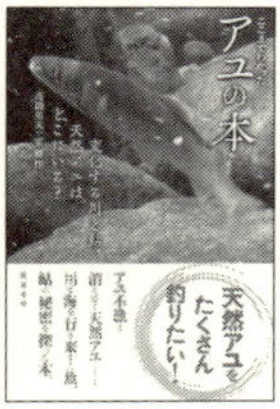

●趣味・実用の本

無農薬で庭づくり

オーガニック・ガーデン・ハンドブック

ひきちガーデンサービス［著］　◎5刷　一八〇〇円＋税

1日10分で、みるみる庭が生き返る！　無農薬・無化学肥料で庭づくりをしてきた植木屋さんが、そのノウハウのすべてを披露。土づくり、堆肥づくりから植栽、剪定の方法まで具体的にばっちり指南。

ヘンプ読本

麻でエコ生活のススメ

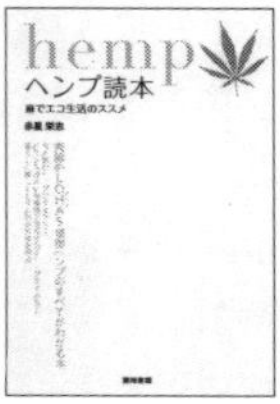

赤星栄志［著］　二〇〇〇円＋税

究極のLOHAS［ロハス］植物、ヘンプのすべてがわかる本。大人気のヘンプアクセサリーから、バランスのよい栄養価で注目されるヘンプオイルまで暮らしに楽しくとり入れる方法を紹介。

オーガニック・ガーデン・ブック

庭からひろがる暮らし・仕事・自然

ひきちガーデンサービス［著］　◎5刷　一八〇〇円＋税

個人庭専門の植木屋さんがあみだしたオーガニックな庭づくり。自然農薬、病虫害にあいにくい植栽、自然エネルギーを利用した庭、バリアフリーガーデンなどプロの植木屋さんが伝授する、庭を100倍楽しむ方法。

作ろう草玩具

佐藤邦昭［著］　◎8刷　一二〇〇円＋税

身近な草や木の葉でできる、昔ながらの玩具の作り方を、図を使っていねいに紹介。カタツムリ、馬、カエルなど、大人も子どもも作って楽しく、遊んで楽しい。夏休みの自由研究や工作にもぴったり。紙でも作れます。

●自然ガイド

森林観察ガイド

驚きと発見の関東近郊10コース

渡辺一夫［著］　一六〇〇円＋税

もっと面白く、もっと深く、森林散策できる本。森林インストラクターならではの豊富なウンチクと情報をコースごとにまとめました。樹種の見分け方の「ミニ図鑑」や、森林の成り立ちのわかるコラムも収録。

百姓仕事がつくるフィールドガイド

田んぼの生き物

飯田市美術博物館［編］　◎2刷　二〇〇〇円＋税

春の田起こし、代掻き、稲刈り……四季おりおりの水田環境の移り変わりとともに、そこに暮らす生き物のオールカラー写真図鑑。魚類、爬虫類、トンボ類など２４７の種を網羅した決定版。

田んぼで出会う花・虫・鳥

農のある風景と生き物たちのフォトミュージアム

久野公啓［著］　二四〇〇円＋税

百姓仕事が育んできた生き物たちの豊かな表情を、美しい田園風景とともにオールカラーで紹介。カエルが跳ね、トンボが生まれ、色とりどりの花が咲き競う、生き物たちの豊かな世界が見えてくる。

野生動物発見！ガイド

週末の里山歩きで楽しむアニマルウオッチング

福田史夫［文］　武田ちょっこ［絵］　一六〇〇円＋税

TVチャンピオン★野生動物発見王選手権出場コンビによる最強ガイド！　フン、足跡、食痕……etc。動物を見つけるための手がかり探しから、動物へのアプローチまで、動物発見の達人がとっておきのテクニックを伝授。

くわしい内容はホームページで。URL=http://www.tsukiji-shokan.co.jp/

●東京湾の本

東京湾の地形・地質と水

沼田眞［監修］　貝塚爽平［編著］　◎2刷　三二〇〇円＋税

東京湾の成立から開発が進んだ現在の姿までを、未公表の研究成果を含む最新の資料をもとに詳述。東京湾の自然的基礎を総合的にとらえた初の成書。

【主な内容】東京湾の形態・構成層・形成史／東京湾に流入する諸河川／東京湾の水と流れ／ほか

東京湾の汚染と災害

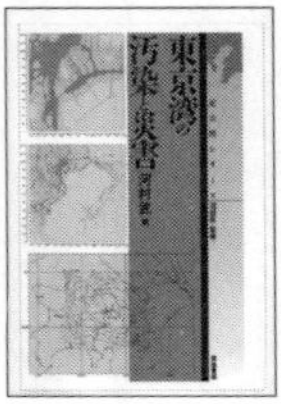

沼田眞［監修］　河村武［編著］　三四〇〇円＋税

地震およびその随伴現象（津波、火災）、高潮、高波等（台風に伴う諸現象）、東京湾の海水の汚染、都市河川の災害（洪水、汚染）、地下水の汚染、地下水位の低下と地盤沈下、大気汚染、都市気候について、第一線の研究者7名が詳しく解説する。

東京湾の生物誌

沼田眞＋風呂田利夫［編］　四八〇〇円＋税

第1部　海域の生物＝東京湾の生態系と環境の現状／プランクトン～魚類、帰化動物まで／海岸環境の修復

第2部　湾岸陸域の生物＝都市生態系と沿岸の問題／湾沿岸のフロラと植生／植物群落、動物相～空中微生物まで／陸域の自然復元

東京湾の歴史

沼田眞［監修］　高橋在久［編著］　三八〇〇円＋税

◎歴史読本評＝東京湾の歴史を知る格好の書。◎朝日新聞評＝東京湾の水土に関連した普通の人たちの日常的な文化史のとりまとめ。漁業、江戸の信仰、湾の防備、風景画などを豊富なデータで紹介している。

【付録】東京湾の博物誌／東京湾周辺の遺跡文献解題